"十三五"国家科技重大专项项目（编号：2016ZX05060）资助
中国石化集团科技部项目（编号：JP16017、P22183）资助

页岩气固井工艺技术与应用

YEYANQI GUJING GONGYI JISHU YU YINGYONG

主　编　张国仿
副主编　艾道安　何吉标　王晓亮

图书在版编目(CIP)数据

页岩气固井工艺技术与应用/张国仿主编;艾道安,何吉标,王晓亮副主编.—武汉:中国地质大学出版社,2023.6
ISBN 978-7-5625-5599-5

Ⅰ.①页… Ⅱ.①张…②艾…③何…④王… Ⅲ.①油页岩-油气田开发-研究 ②固井-研究 Ⅳ.①P618.130.8 ②TE256

中国国家版本馆 CIP 数据核字(2023)第 118221 号

页岩气固井工艺技术与应用	张国仿 主编
	艾道安 何吉标 王晓亮 副主编

责任编辑:郑济飞 谢媛华	选题策划:周 旋	责任校对:张咏梅

出版发行:中国地质大学出版社(武汉市洪山区鲁磨路388号)	邮编:430074
电 话:(027)67883511 传 真:(027)67883580	E-mail:cbb@cug.edu.cn
经 销:全国新华书店	http://cugp.cug.edu.cn
开本:787 毫米×1 092 毫米 1/16	字数:352 千字 印张:13.75
版次:2023 年 6 月第 1 版	印次:2023 年 6 月第 1 次印刷
印刷:武汉中远印务有限公司	
ISBN 978-7-5625-5599-5	定价:148.00 元

如有印装质量问题请与印刷厂联系调换

《页岩气固井工艺技术与应用》编委会

主　任：张国仿

副主任：高云伟　吴雪平　艾道安

编　委：许明标　付　均　彭先展　杨海平
　　　　许先仿　刘浩冰　吴园林　彭小平
　　　　赵　勇　袁　欢　张卫平　项　楠
　　　　何吉标　王晓亮　彭　博　刘俊君
　　　　张举政　张家瑞　郝海洋　赵　强

Preface 前言

近年来，我国的页岩气勘探开发发展迅猛，钻井工程技术成为页岩气藏高效开发的关键技术之一。而固井是钻井工程中的最后一道工序，与完井作业紧密相连，在钻井与完井之间起着承上启下的重要作用。固井作业安全与否和固井质量的好坏直接关系到钻井工程的成败、油气井采收率的高低和生产寿命的长短。特别是页岩气井在开发过程中长水平段的分段压裂对固井质量提出了更新、更高的要求。因此，固井是页岩气开发工程中的关键性工程之一。

由于页岩气开发的特殊性，在钻井过程中的长封固段、低承压、深层、长水平段固井等方面遇到许多新的难题和挑战，套管环空带压现象形势严峻，影响气田安全生产。随着"重庆涪陵国家级页岩气示范区"的建成，中国石油化工集团有限公司（简称中石化）江汉石油工程有限公司作为示范工程的主力军，参与了多项国家重大专项科技研究，在页岩气固井中的诸多技术难题上取得突破。为了及时总结页岩气示范工程中固井工艺技术和应用效果，同时结合国内外现有页岩气固井新技术的发展，本书重点阐述围绕页岩气油基钻井液长水平井、易漏易垮复杂井、高温高压井等形成的固井新技术新工艺，同时对取得的相应技术成果、现场应用案例及施工进行了系统总结，具有较强的实用性。因此本书可作为页岩气固井工程人员的技术参考书和现场作业指导书。

全书共分5章，第1章绪论由赵强和王晓亮编写；第2章页岩气固井关键技术由何吉标和张家瑞编写；第3章页岩气固井工艺由彭博和张举政编写；第4章页岩气固井液体系由郝海洋和王晓亮编写；第5章固井质量管控与评价由张举政和何吉标编写；参加审稿的有中石化江汉石油工程有限公司张国仿、杨海平教授级高级工程师，彭先展、艾道安、吴庆仿、彭小平、张卫平和刘浩冰高级工程师，长江大学许明标和王昌军教授等。

本书由张国仿主编，在编写过程中得到了中石化江汉石油工程有限公司页岩气开采技术服务公司（中石化页岩气技术中心）、钻井一公司、钻井二公司，长江大学等单位的大力支持和帮助，谨此一并致谢。

本书是国内关于页岩气勘探开发过程中固井工艺技术与应用的著作，由于编者水平有限，经验不足，书中难免有不妥之处，敬请广大读者不吝指正。

编 者
2022.8

Content 目录

1 绪 论 … (1)
  1.1 国内外页岩气开发进程 … (2)
    1.1.1 美国页岩气开发进程 … (3)
    1.1.2 中国页岩气开发进程 … (3)
  1.2 国内外页岩气固井技术发展进程 … (5)
    1.2.1 固井工艺 … (5)
    1.2.2 固井液体系 … (7)

2 页岩气固井关键技术 … (12)
  2.1 井眼准备关键技术 … (13)
    2.1.1 钻井液性能调整 … (13)
    2.1.2 模拟通井 … (13)
    2.1.3 岩屑床清除 … (15)
    2.1.4 井筒提承压 … (16)
  2.2 套管下入关键技术 … (16)
    2.2.1 套管柱设计 … (17)
    2.2.2 套管气密封检测 … (19)
    2.2.3 套管下入摩阻计算 … (20)
    2.2.4 水平井套管下入 … (22)
    2.2.5 固井工具及附件优选 … (25)
    2.2.6 旋转下套管 … (32)
  2.3 油基钻井液顶替关键技术 … (36)
    2.3.1 套管居中 … (36)
    2.3.2 入井流体性能 … (36)
    2.3.3 浆柱结构与施工参数 … (37)
  2.4 低承压漏失井固井技术 … (37)
    2.4.1 固井前堵漏提承压 … (38)
    2.4.2 防漏前置液 … (38)
    2.4.3 高强低密度防漏水泥浆 … (38)

2.4.4　近平衡压力固井 …………………………………………………… (38)
　　2.4.5　顶部注水泥固井 …………………………………………………… (39)
　　2.4.6　泡沫水泥浆固井 …………………………………………………… (39)
2.5　固井水泥环完整性关键技术 ………………………………………………… (39)
　　2.5.1　水泥环等效受力分析 ……………………………………………… (40)
　　2.5.2　水泥环完整性失效预防 …………………………………………… (43)
　　2.5.3　水泥环及套管完整性失效治理 …………………………………… (44)

3　页岩气固井工艺 ……………………………………………………………… (45)
3.1　干法固井工艺 ………………………………………………………………… (46)
　　3.1.1　工艺特点 …………………………………………………………… (46)
　　3.1.2　干法固井难点 ……………………………………………………… (46)
　　3.1.3　关键工艺措施 ……………………………………………………… (47)
　　3.1.4　施工工艺流程 ……………………………………………………… (47)
　　3.1.5　现场应用实践 ……………………………………………………… (48)
3.2　正注反挤固井工艺 …………………………………………………………… (50)
　　3.2.1　工艺特点 …………………………………………………………… (50)
　　3.2.2　关键工艺措施 ……………………………………………………… (50)
　　3.2.3　施工工艺流程 ……………………………………………………… (51)
　　3.2.4　现场应用实践 ……………………………………………………… (51)
3.3　预应力固井工艺 ……………………………………………………………… (53)
　　3.3.1　工艺特点 …………………………………………………………… (53)
　　3.3.2　关键工艺措施 ……………………………………………………… (54)
　　3.3.3　施工工艺流程 ……………………………………………………… (56)
　　3.3.4　现场应用实践 ……………………………………………………… (56)
3.4　高温高压高密度固井工艺 …………………………………………………… (57)
　　3.4.1　工艺特点 …………………………………………………………… (58)
　　3.4.2　关键工艺措施 ……………………………………………………… (58)
　　3.4.3　现场应用实践 ……………………………………………………… (61)
3.5　长水平段固井工艺 …………………………………………………………… (65)
　　3.5.1　工艺特点 …………………………………………………………… (66)
　　3.5.2　关键工艺技术 ……………………………………………………… (66)
　　3.5.3　现场应用实践 ……………………………………………………… (69)
3.6　泡沫水泥浆固井工艺 ………………………………………………………… (72)
　　3.6.1　工艺特点 …………………………………………………………… (72)
　　3.6.2　关键工艺技术 ……………………………………………………… (73)

  3.6.3 关键工艺措施 ·· (78)
  3.6.4 现场应用实践 ·· (78)
 3.7 顶部注水泥固井工艺 ·· (80)
  3.7.1 工艺特点 ·· (80)
  3.7.2 关键工艺技术 ·· (81)
  3.7.3 现场应用实践 ·· (82)
 3.8 二次完井固井工艺 ·· (84)
  3.8.1 工艺流程 ·· (84)
  3.8.2 关键工艺技术 ·· (85)
  3.8.3 现场应用实践 ·· (88)

4 页岩气固井液体系 (93)

 4.1 固井前置液体系 ··· (94)
  4.1.1 作用机理 ·· (94)
  4.1.2 前置液性能 ··· (97)
  4.1.3 现场应用实践 ··· (105)
 4.2 自修复水泥浆体系 ·· (108)
  4.2.1 作用机理 ··· (109)
  4.2.2 水泥浆性能 ·· (110)
  4.2.3 现场应用实践 ··· (114)
 4.3 高强低密度防漏水泥浆体系 ·· (116)
  4.3.1 作用机理 ··· (116)
  4.3.2 水泥浆性能 ·· (118)
  4.3.3 现场应用实践 ··· (123)
 4.4 韧性防窜胶乳水泥浆体系 ·· (124)
  4.4.1 作用机理 ··· (125)
  4.4.2 水泥浆性能 ·· (126)
  4.4.3 现场应用实践 ··· (130)
 4.5 抗高交变载荷水泥浆体系 ·· (132)
  4.5.1 作用机理 ··· (133)
  4.5.2 水泥浆性能 ·· (134)
  4.5.3 现场应用实践 ··· (136)
 4.6 高温高密度防窜水泥浆体系 ·· (139)
  4.6.1 作用机理 ··· (139)
  4.6.2 水泥浆性能 ·· (144)
  4.6.3 现场应用实践 ··· (151)

4.7 特殊堵漏水泥浆体系 ………………………………………………………………… (154)
　　　　4.7.1 油基钻井液条件下堵漏水泥浆体系 ………………………………………… (154)
　　　　4.7.2 超细高强堵漏水泥浆体系 …………………………………………………… (158)
　　　　4.7.3 速凝堵漏水泥浆体系 ………………………………………………………… (165)
　　　　4.7.4 隔水凝胶堵漏体系 …………………………………………………………… (169)

5 固井质量管控与评价 …………………………………………………………………………… (174)
　　5.1 固井质量节点管控 ……………………………………………………………………… (175)
　　　　5.1.1 固井准备 ……………………………………………………………………… (175)
　　　　5.1.2 固井施工 ……………………………………………………………………… (182)
　　　　5.1.3 固井质量后期跟踪 …………………………………………………………… (186)
　　5.2 固井质量评价方式 ……………………………………………………………………… (187)
　　　　5.2.1 固井质量测井评价 …………………………………………………………… (187)
　　　　5.2.2 固井施工作业质量评价 ……………………………………………………… (196)
　　5.3 应用效果 ………………………………………………………………………………… (202)
　　　　5.3.1 固井质量评价 ………………………………………………………………… (202)
　　　　5.3.2 套管环空带压管控 …………………………………………………………… (202)

主要参考文献 ……………………………………………………………………………………… (204)

1 绪论

页岩气是一种重要的非常规天然气，在全球范围内储量巨大，我国的页岩气储量优势也较为明显。随着油气勘探领域的不断扩大和勘探开发程度的逐步提高，页岩气资源不断被发现和探明，其生产成本也大幅下降，其经济价值和战略意义也越来越受到重视。与常规油气资源开采相比，页岩气由于自身储集空间及生成的特殊性，一般为超致密储层，孔隙度和渗透率极低。为了获得较好的经济效益，通常需要采取长水平段水平井技术，并实施分段压裂。

固井作为石油钻井工程中非常重要的环节，它的施工特点决定了其作业成本的高低，在钻井作业中固井往往起到了"一锤定音"的作用。固井质量的好坏不仅直接影响钻井、完井、试井、采气和增产措施等各项后续作业的顺利进行，而且还影响气井的正常生产和油田的合理开发。随着勘探开发的不断深入，在地层地质情况复杂、钻采类型与方式多样变化的情况下，各方对固井质量的要求也越来越高。因此，业主方和施工方历来都高度重视固井施工安全和固井质量的提高。

当前，页岩气水平井水平段钻进长度越来越长，有的水平段长度甚至达到5000m以上，加上特殊的完井方式、增产措施及开发末期为了最大程度地开发产层进行的二次固井作业，这些因素导致后期固井施工作业必须要面对套管下入难、油基泥浆驱替难、顶替效率低、水泥浆防窜要求高、固井屏障易产生微裂隙、井筒漏失及二次小间隙固井等问题。如何有效地封固产层和提高固井质量，是国内外固井行业一直研究的重点之一。

从目前页岩气的开发现状来看，如何高效地提升顶替效率、提高套管居中度及开发一套高效的前置液和水泥浆体系，是当前页岩气勘探开发过程中必须要解决的问题。首先，大斜度井段和水平井段套管对井壁侧向力大，导致下套管摩阻较大，使套管很难顺利下至预定位置；其次，大斜度井段和水平井段套管在重力作用下极易偏心，使套管窄边的钻井液顶替困难，造成钻井液残留，进而影响固井顶替效率和界面胶结强度；再者，页岩气水平井后续的增产措施多采用多级压裂方式，由于水泥石是一种硬脆性材料，自身协调形变能力差，在多级压裂过程中会反复遭受循环载荷，促使套管与水泥环、水泥环与地层之间的胶结界面出现微环空和微间隙，形成气体窜流通道，当井底气体窜至井口时就会形成环空带压，严重的环空带压会导致整个气井报废，因此要实现页岩气井有效的层间封隔，提高水泥石的力学性能是主要途径之一。在开发后期，产量逐渐衰减，为了最大限度地开发，可能会进行二次固井，这对水泥浆及固井工艺技术提出了更高的要求。因此，与传统固井技术相比，页岩气固井除了要满足高要求的水泥浆性能之外，还需要采用有效的手段驱替油基钻井液，在合理的控制套管居中度条件下确保长水平段套管安全下入并保证固井质量。

本书主要针对页岩气水平井面临的各种固井技术难题，介绍了相应的固井工艺技术措施，并以实例详细阐述了页岩气井固井作业中不同工况所运用的不同水泥浆体系特点，以较全面的视角阐述了页岩气水平井固井技术。

1.1 国内外页岩气开发进程

页岩气资源在全球分布广泛，主要分布于北美、中亚、中国、中东、北非和非洲南部等国家和地区(Zou,et al.,2019;邹才能等,2020;郭旭升等,2021)。据美国能源信息署(EIA)的评价结果,全球页岩气技术可采资源量为 $207\times10^{12}\ m^3$,占油气资源总量的 32%。中国页岩气技术可采资源量为 $31.6\times10^{12}\ m^3$,位居全球首位。全球页岩气技术可采资源量排名第二位、第三位的国家分别是阿根廷和阿尔及利亚,资源量分别为 $22.71\times10^{12}\ m^3$ 和 $20.02\times10^{12}\ m^3$。美国页岩气技术可采资源量为 $18.83\times10^{12}\ m^3$。美国页岩气由于具有技术优势,其当前实际产量在全球总产量中属于最高的(邹才能等,2021)。

2020 年全球页岩气总产量为 $7.69\times10^{11}\ m^3$(增长 3.2%),其中美国的为 $7.33\times10^{11}\ m^3$,中国的为 $2.0\times10^{10}\ m^3$,阿根廷的为 $1.03\times10^{10}\ m^3$,加拿大的为 $5.50\times10^9\ m^3$,美国是全球页岩气开发的主体。

1.1.1 美国页岩气开发进程

据 EIA 的数据,2020 年美国页岩气产量为 $7.33\times10^{11}\ m^3$,约占其天然气总产量的 80%;2019 年美国页岩气产量增长 $9.57\times10^{10}\ m^3$,占全球天然气产量增长率的 73%。2020 年美国致密油/页岩油产量为 $3.5\times10^8\ t$,占美国原油总产量的比例超过 50%;2019 年美国致密油/页岩油产量增长 $8.4\times10^{10}\ m^3$(增长 19%),占全球原油产量增长率的 66%。2019 年美国能源产量为 $3.15\times10^{12}\ m^3$ 油当量(ton oil equivalent,缩写为 toe),消费量为 $3.09\times10^{12}\ m^3$ 油当量,已经基本实现了"能源独立"。图 1-1-1 为 1990—2020 年美国页岩气的开发进程(邹才能等,2021)。

图 1-1-1 美国页岩气开发进程图(据邹才能等,2021)

1.1.2 中国页岩气开发进程

中国页岩气产量从无到有,仅用 6 年时间就实现了年产 $100\times10^8\ m^3$,其后又用 2 年时间在深埋 3500m 以浅实现了年产 $200\times10^8\ m^3$ 的历史性跨越,在埋深 3500~4000m 深层实现突破性发现,创造了中国天然气发展史上的奇迹。

作为除北美外最大的页岩气生产国,通过10多年勘探开发技术攻关,中国以四川盆地及其邻区为重点,实现了海相页岩气资源的有效开发(邹才能等,2020;郭旭升等,2021)。以四川盆地埋深3500m以浅的海相页岩区为重点,2020年全国实现页岩气产量$200×10^8 m^3$,其中中国石油天然气集团有限公司(简称中石油)在蜀南的长宁-威远和昭通等区块实现页岩气产量$116×10^8 m^3$,中石化在涪陵、威荣页岩气田实现页岩气产量$84×10^8 m^3$。我国页岩气开发大致经历了以下几个阶段。

1.1.2.1 合作借鉴阶段(2007—2009年)

此阶段国内学者引入美国页岩气概念,在地质评价的基础上,明确了四川盆地上奥陶统五峰组—下志留统龙马溪组和下寒武统筇竹寺组两套页岩是中国页岩气的工作重点,找到了长宁、威远和昭通页岩气有利区,并启动了产业化示范区建设。该阶段属于中国页岩气产业的合作借鉴阶段(图1-1-2)。

图1-1-2 中国页岩气开发进程图(据邹才能等,2021)

1.1.2.2 自主探索阶段(2010—2013年)

此阶段通过努力攻关与实践,中国页岩气地质理论及开发认识取得重要进展,明确了四川盆地海相五峰组—龙马溪组页岩气的开发价值,发现了蜀南和涪陵两大页岩气田。该阶段属于中国页岩气产业的自主探索阶段(图1-1-2)。2010年,中国第一口页岩气井威201直井,在龙马溪组页岩段压裂获得页岩气测试产量$0.3×10^4 \sim 1.7×10^4 m^3/d$,解决了有无页岩气的问题。2011年中石油在长宁区块实施了宁201-H1水平井10段压裂,获得页岩气测试产量$15×10^4 m^3/d$,成为中国第一口具有商业开发价值的页岩气井。2012年中石化经过多年不断探索,在重庆涪陵地区以五峰组—龙马溪组页岩为目的层,钻探了焦页1HF水平井,获得页岩气测试产量$20.3×10^4 m^3/d$,发现了涪陵页岩气田。2013年中石化启动了涪陵区块页岩气井组开发试验。

2012年,中华人民共和国国家发展和改革委员会(简称发改委)批准设立了涪陵、长宁-威远、昭通和延安4个国家级页岩气示范区;在国家政策的大力支持下,中石油和中石化两家企业以四川盆地为勘探开发的重点,2013年实现了页岩气年产量$2×10^8 m^3$的生产突破。

1.1.2.3 工业化开发阶段(2014年至今)

此阶段,中国页岩气有效开发技术逐渐趋于成熟,埋深3500m以浅页岩气资源实现了有效开发,埋深3500m以深页岩气开发取得了突破性进展,四川盆地海相页岩气已经成为我国天然气产量增长的重要组成部分,是中国页岩气产业的跨越发展阶段(图1-1-2)。中石油实现了川南地区五峰组—龙马溪组海相页岩气的有效开发。2014年,中石油启动了川南地区$26×10^8 m^3/a$页岩气产能建设,2015年实现页岩气产量$13×10^8 m^3$。

"十三五"期间,中石油加快页岩气开发步伐,以长宁-威远和昭通埋深3500m以浅页岩气资源为主实施产能建设工作,截至2019年底,累计探明页岩气地质储量$10\ 610×10^8 m^3$,2019年生产页岩气$80.3×10^8 m^3$,2020年生产页岩气$116.1×10^8 m^3$。中石化实现了涪陵、威荣区块五峰组—龙马溪组海相页岩气的有效开发。2014年,中石化启动涪陵气田产能建设工作,通过两轮建设,2016年实现页岩气产量$50×10^8 m^3$,2017年在涪陵区块实施页岩气立体开发,实现页岩气持续稳产上产,并启动威荣页岩气田产能建设。截至2019年底,中石化累计探明页岩气地质储量$7255×10^8 m^3$,2019年生产页岩气$73.4×10^8 m^3$,2020年产量达$84.1×10^8 m^3$。

在川南、涪陵页岩气田开发取得突破后,全国页岩气产量快速增长,2018年达到$108×10^8 m^3$,2019年产量为$154×10^8 m^3$,2020年产量超过$200×10^8 m^3$。2014—2019年中国天然气产量增长$550×10^8 m^3$,其中页岩气占产量增长贡献率的28%,已经成为中国天然气产量增长的重要组成部分(图1-1-2)。

从当前天然气勘探开发总体形势来看,页岩气具备产量快速增长的基本条件,是未来中国天然气产量增长的重要力量。初步预判,在目前的技术条件下,2025年中国页岩气产量将有望达到$300×10^8 m^3$,2030年将达到$350×10^8 \sim 400×10^8 m^3$。

1.2 国内外页岩气固井技术发展进程

固井工程作为页岩气勘探开发过程中一个非常重要的环节,在具体施工过程中的施工质量对页岩气水平井产能和有效开发周期会产生直接影响(刘大为和田锡君,1994;刘崇建等,2001;Nelson and Guillot,2006)。随着国内外页岩气开发工艺的不断进步及开发程度的逐步提高,地质和井筒条件也时刻在发生变化,对固井工艺和固井液体系提出了许多新的挑战和难题。经过近10多年的探索与实践,国内外学者和技术人员研发了很多针对性的新工艺和新技术,其中很大一部分成果取得了较好的验证和推广应用效果,极大促进了页岩气水平井固井技术的不断发展和进步。

1.2.1 固井工艺

面对页岩气井油气显示活跃、窄密度窗口、井壁稳定性差、水平段不断延伸等复杂的地质和井筒条件,需要采用不同的固井工艺和固井液体系,其中固井工艺主要包括水平井套管下入及居中技术和长水平段固井技术,以保证页岩气固井施工的安全和质量。

1.2.1.1　水平井套管下入及居中技术

为解决管柱顺利下入问题,国内外许多学者对水平井摩阻的预测分析做了大量的研究工作。

国外,早在20世纪80年代初期,Johancsik等(1984)提出了计算扭矩摩阻的数学模型(即软索模型),他将摩阻和扭矩归结为管柱与井壁接触产生的简单滑动摩擦力作用的结果,摩擦力的大小等于正压力与摩擦系数的乘积;该模型假设套管柱内外流体不同,且套管处于静态流体中,在运用牛顿第二定律和阿基米德定律的基础上推导出了套管轴力的计算公式,并指明悬浮下套管技术可以大大降低摩阻,从而可以增加套管的可下入深度。

国内,1993年,西南石油大学的练章华等(2006)根据水平井井眼轨迹数据以及管柱上封隔器位置,建立了水平井完井管柱的力学模型,同时推导出了水平井完井管柱的有效轴向力的数学模型、管柱与井壁摩擦引起的附加力数学模型、流体摩阻引起的附加力数学模型以及水平井造斜段曲率半径产生的轴向力数学模型等。1995年,西安石油大学的王建军等对水平井下套管过程中的套管摩阻进行了理论研究,并建立了套管摩阻微分方程,进而得到了摩阻的解析解,并与实例结合用于预测和计算定向井、水平井的下套摩阻。2012年,刘伟等提出在页岩气水平井中采用套管漂浮技术和抬头下入技术以保证套管安全下入,在斜井段和水平井段基本采用旋流刚性扶正器、双弓弹性扶正器和滚轮扶正器,提高套管居中度和顶替效率。2013年,西南石油大学的赵建国等根据页岩气水平井分段压裂的要求,并结合弹簧片、旋流及液力变径扶正器的优点,设计了一种新型扶正器。该扶正器下入过程中其外径与套管接箍外径相同,能有效减小下入摩阻,下入至设计井深时,弹簧片可伸出扩径,且在注水泥时可产生旋流顶替。试验结果表明,该扶正器的居中度可提高至97%,外径缩小30%。

旋转下套管技术是一种现代化的套管下入技术,该技术通过应用顶驱下套管装置,提高下套管作业生产效率并且保障作业安全,可以在套管下入遇阻时及时循环钻井液并旋转套管串,确保在井眼轨迹不佳情况下套管能安全高效地下放到位。相比常规"上提下放"的下套管方式,旋转下套管方式减小了套管与井壁间的摩擦系数,从而使套管避免了过大的轴向载荷,降低了后期套变的风险。从2018年开始,旋转下套管技术在川渝页岩气钻完井作业中大规模应用,已经有超过1/3的井采用了旋转下套管方式下入生产套管。国内对旋转下套管技术的认识相对较晚,装备研制与商业化服务起步均落后于国外。2008年,北京石油机械厂率先开展顶驱下套管装置的研制,并于2010年5月在四川完成首口井的现场应用,2012年在华北油田又完成一次现场应用,下入N80钢级244.5mm套管1922m。2018年以后,北京石油机械厂的顶驱下套管装置大规模应用于川渝页岩气勘探开发,已完成上百口井下套管作业,其中一些井水平段长已超过2000m,井斜超过110°(李骥然等,2020)。

目前,针对超长水平段页岩气井的下套管技术主要有漂浮下套管技术,即通过在套管串结构中加入漂浮接箍,利用漂浮接箍与套管鞋中间套管内封闭的空气或低密度钻井液的浮力作用,减小套管下入过程中井壁对套管的摩阻,以达到套管安全下入的目的,漂浮下套管技术适用于高摩阻复杂井固井。同时,在开发过程中,为了更好地保证长水平段套管下入到位,还开发了一系列新的固井工具,如旋转自导式浮鞋、偏转自导式引鞋、偏心式套管刚性滚轮扶正器、滚轴式套管刚性滚轮扶正器、弹浮式套管浮箍(浮鞋)及固井碰压关井阀等。

除此之外,软件计算指导对套管下入也起着必不可少的作用。目前国外的斯伦贝谢固井工程软件 Cementics、哈里伯顿固井工程软件 iCem 和国内的固井工程软件 CementSmart 等都可以在给定井径、轨迹、泥浆性能及扶正器安放的前提下计算下套管的悬重变化,对下套管具有一定指导意义。借助软件,可通过邻井的数据采集及分析,将实际操作数据与模拟计算数值进行比对、校正,确定适合实际井况的模拟参数,实现准确模拟套管下放。

1.2.1.2 长水平段固井技术

国外页岩气主要以浅层页岩气为主,完井方式以套管射孔后固井完井为主。随着勘探开发的深入,超长水平段井[美国尤蒂卡(Utica),水平段长 6366m]和套中固套二次完井(北美,占比 11%)成为了页岩气效益开发的主流手段,取得了较好的现场试验效果。其中,北美在主要非常规区域开展了超长水平段水平井应用,例如美国的阿巴拉契亚(Appalachian)和二叠纪(Permian)盆地、加拿大都沃内等。2013—2018 年,美国马赛勒斯(Marcellus)页岩平均水平段长度从 1300m 增加到 3000m,垂深 2500~3000m。4000m 水平段水平井已成为美国尤蒂卡(Utica)页岩气开发的常规模式,最长水平段记录达 6366m。在对超长水平段井固井技术的不断探索和实践中逐渐形成了以漂浮下套管、泡沫水泥浆和预应力固井为主的超长水平段水平井固井技术。

国内页岩气开发领域的主攻方向已由浅层气藏逐渐转向深层气藏、高压页岩气转向常压页岩气、单层开发转向立体开发,页岩气井的水平段长(胜页 9-3HF 井,水平段长 4035m)、完钻井深(红页 4HF 井,完钻井深 7080m)和分段压裂段数(胜页 9-2HF 井,压裂 50 段)不断增加,不断突破新的施工记录,给页岩气固井提出了新的困难和挑战,主要体现在以下几个方面:①后期增产作业对套管力学性能要求高;②水平段长,套管在重力作用下易贴边导致下入困难;③油基钻井液对固井质量的影响;④气层活跃,对水泥浆防窜性能要求高;⑤大型分段体积压裂对井筒完整性的影响;⑥超长水平段对固井技术要求高;⑦有部分地层承压能力低,固井施工漏失风险高。

针对页岩气井井深增加、水平段延长、地层承压能力低等固井技术难题,国内研究学者和技术工作人员经过不断探索和实践,逐渐形成了一系列成熟的固井工艺技术。

1.2.2 固井液体系

固井液体系是保证页岩气水平井安全优质固井的关键,主要包括固井前置液和水泥浆。页岩气开发油基钻井液钻井和水平井分段压裂工艺的特殊性,对页岩气固井液体系也提出了更高的要求,主要表现在油基钻井液的有效清除和井筒水泥环的密封完整性保障等方面。

1.2.2.1 油基钻井液前置液技术

油基钻井液具有诸多优点,如极强的泥页岩抑制性、良好的润滑性、较好的高温稳定性、较强的抗污染能力以及利于储层保护等,因此被广泛应用于页岩气井的勘探开发,并取得了较好的效果。油基钻井液在减少钻井井下复杂工况的同时,也为固井作业带来了诸多难题。由于油基钻井液本身为亲油性体系,固井水泥浆为亲水性体系,两者兼容性较差。固井过程中油基钻井液对水泥浆性能影响较大,常规固井前置液不能够有效地清洗井壁,极易导致顶替效率低、固井胶结质量差。因此,国内外对油基钻井液固井前置液体系进行大量的研究,以提升油基钻井液水平井固井质量。固井前置液通常包括冲洗液与隔离液,目前国内外对于油基钻井液条件下的前置液研究主要集中在优选和研发高效表面活性剂上。利用表面活性剂独特的双亲特性来降低油水界面张力,起到冲洗、润湿、渗透及乳化等作用,达到清洗和润湿反转井壁与套管壁的目的,从而提高固井界面胶结质量。

国外对油基钻井液条件下前置液体系的研究更早,早在1972年,Messenger研发了一种油基钻井液固井的前置液体系,可通过加入一种分散剂实现较低的黏度和胶凝强度,降低临界流速,达到紊流顶替的目的。1995年,Sweatman等利用在特定条件下加入碱性高炉矿渣的隔离液能与水泥浆一起固化的原理,研制了一种驱替油基钻井液的可固化隔离液体系,并用于得克萨斯州南部深井固井中,固井界面质量得以提高。2003年,斯伦贝谢公司申请的美国专利"洗井用表面活性剂组成"(US2003008803)中介绍了一种适用于各种类型的油基钻井液的冲洗液或隔离液体系,加量为用水量的1%~10%,该化学冲洗液的主表面活性剂为:碳分子数为6~10的线性或支链型烷基多糖苷和异丙基豆蔻酸或浆籽油甲基醋,加入比例为1∶3~3∶1,应用广泛。2010年,贝克休斯公司申请的美国专利"微乳液隔离液"(US2010263863)中描述了一种利用纳米或微米乳液清洗井筒中油基或合成基钻井液的隔离液体系。该隔离液体系包括由加重剂、表面活性剂、水或盐水、非极性相、增黏剂组成的加重隔离液和由表面活性剂、水或盐水、极性相组成的常规隔离液,当这两段隔离液与井内残留的油基或合成基钻井液接触时,能将大部分的油基或合成基钻井液包裹在隔离液中带出,并能将界面由油湿状态转变为水湿状态。2012年,Brege等开发了一种微乳液型隔离液体系,并通过表面张力测试、接触角测试、岩芯流动测试以及现场应用效果,证明了该隔离液体系能够高效地清除套管壁和井壁的钻井液及其滤饼,解决了油基钻井液对近井地层的伤害及其清除效率低的问题。2015年,Pernites等开发了一种新型的稳定且密度可调的前置液,能有效清洁油基泥饼,并可将清洁后的壁面从原来的油润湿变为水润湿,这样可以提升水泥浆的附着力。2017年,Brandl等设计了一套高温高压大位移井加重油基钻井液前置液体系,该体系通过改性生物聚合物,在高温下加重后无沉降,稳定性好。2020年,Al-Ajmi等开发了新一代环保增强型前置液,该前置液在有效清洗井筒的同时,能够有效地防止井筒工作液的漏失,保证地层不被污染,该前置液在科威特进行了成功的运用。国外对油基泥浆前置液的研究是在确保清洗效果的情况下,其发展方向是高密度沉降稳定性、环保性能等(王翀等,2013;李健等,2014;李韶利等,2014;姚勇等,2014;刘子帅,2017;齐志刚等,2019)。

1 绪 论

国内方面,2005年,李友臣等研究了含有阴离子表面活性剂的SGF系列前置液体系,适用于油基钻井液完井的水平井、大斜度井等。2008年,齐静等研究了一种高效前置液,可用于油基钻井液钻完井,该前置液与油基钻井液和水泥浆的相容性和稳定性均较好,具有较强的渗透冲洗能力和悬浮能力,除油效果好。2009年,王顺利等研制了一种包含YJC冲洗液和DG180加重隔离液的前置液体系,对残留油基钻井液的清洗快速高效,能提高顶替效率和固井质量,已得到推广应用。2014年,许明标等申请的专利"一种页岩气开发油基钻井液固井前置液"公布了一种页岩气开发油基钻井液固井前置液,该前置液能够有效地清除油基钻井液泥饼,对井壁进行有效的整理,将钻井液与水泥浆有效地隔离,达到有效顶替、隔离的目的。该前置液体系从2012年开始,一直在重庆涪陵页岩气开发过程中被应用,本书后面章节将对该体系进行详细介绍。2015年,焦建芳等从流体、固井工艺、工具、附件等几方面入手,采用范式旋转黏度计法,开发了QY高密度驱油前置液体系,在实际开发中,采用QY高密度驱油前置液体系,既能提高固井顶替效率,又能有效清除套管壁和井壁上的油膜,保证环空水泥环胶结质量。2016年,邓立针对油基钻井液环境下固井质量难以得到保证的难题,开展了油基钻井液下固井前置液及抗污染水泥浆体系配方实验研究,从而有效地提高了固井质量。实验具体分析油基钻井液对固井二界面胶结质量的影响,优选出冲洗液CX-1和隔离液GL-1,研制出抗污染剂Anti-P,分别建立油基钻井液下固井前置液及抗污染水泥浆体系配方,开发了高密度前置液现场多级配置工艺技术,现场应用效果较好。2018年,姜涛开发了一种表面活性剂型可加重固井前置液,该前置液适应密度范围宽、悬浮稳定性能好,最高抗温可达150℃,具有良好的流动性能,与钻井液和水泥浆具有良好的相容性。经现场验证,该体系可依据实际井况进行流变性能调节,实现最佳的顶替流态,冲洗顶替效果好,且具有良好的抗高温沉降稳定性能,有助于固井质量的提高和确保固井施工的安全性。2020年,刘明利设计了高密度冲洗型抗污染隔离液体系,并进行了润湿反转、冲洗效率及相容性等性能评价,其电导率可达0.99,冲洗效率可达98%,可有效反转、隔离、驱替油基高密度钻井液,现场应用后取得了较好的效果。国内对前置液的研究主要集中在清洗效果及稳定性方面,对于环保方面的研究较少。

1.2.2.2 水平井固井水泥浆体系

页岩气大多采用水平井开发的方式,具有位移大的特点,后续的增产措施多采用多级压裂方式。水泥石是一种硬脆性材料,自身协调形变能力差,与地层、套管具有不同的弹性和形变能力,在多级压裂和后期生产过程中会反复遭受循环载荷,水泥环受到较大的内应力和冲击力会产生径向裂纹或环空裂隙,形成窜流通道,造成井筒水泥环密封失效,部分井出现套管环空带压,严重的会导致井报废。

针对页岩气固井水泥浆,较早进行相关研究的是1987年Colavecchio等针对弗吉尼亚西部泥盆系页岩低破裂压力引起的漏失问题,研制了一种含35%~45%氮气的泡沫水泥浆体系。该水泥浆体系保证了环空充满水泥浆,进而为后续的压裂作业提供了保障。1992年,Harder等在美国阿托卡地区页岩气井中打水泥塞时,由于油基钻井液的掺混使得水泥塞强度很低,因此研制了一种表面活性剂水泥浆体系。在水泥浆中加入1%体积量的表面活性剂后,可减少油基钻井液的掺入量,同时降低油基钻井液对稠化时间、流变性和强度的不良影响。阿巴拉契亚盆地(Appalachian Basin)页岩地层破裂压力很低,大多采用空气钻进,固井时漏失风险很大。1999年,Kulkarni等研制了一套密度范围为1.10～1.40g/cm³的低密度水泥浆体系。尽管该水泥浆体系水灰比较大,但是通过加入一种硅酸盐锁水剂后,浆体的静胶凝强度和抗压强度都增加较快。2009年,Nelson等指出美国页岩气固井水泥浆主要有泡沫水泥、酸溶性水泥、泡沫酸溶性水泥、火山灰+H级水泥等4种类型。2011年,Williams等针对美国玛西拉地区页岩气井在完井后套管带压严重的情况,研制了一种膨胀柔性水泥浆体系。水泥石自身的体积膨胀性能配合良好的隔离液体系和技术措施,使水泥环的层间封隔能力大大加强,使用该水泥浆体系的页岩气井在压裂后均未出现套管带压现象。美国斯维尔地区页岩气水平井井底温度高达182℃,井底压力高达83MPa,易发生环空气窜,环空间隙和密度窗口窄,固井过程中易发生漏失。针对这些难点,Williams等利用颗粒级配技术研制了一种颗粒级配水泥浆体系。该水泥浆体系各方面综合性能良好,具有较高的强度,已在该地区390多口页岩气井中被使用。2012年,Pavlock等研制了一种胶乳水泥浆体系。该胶乳水泥浆体系能耐200℃以上高温,具有很低的失水量。胶乳增加了水泥石的耐腐蚀性、抗拉强度和弹性,使得水泥石在压裂作业和井的整个生命周期中都能保持完整性。目前,国外常见的性能优良的页岩气固井水泥浆体系有以下两个公司研发的水泥浆体系。Halliburton公司研发的ElastiCem®水泥浆体系(非泡沫弹性水泥浆),该体系可以抵抗油井寿命周期内出现的循环载荷,如高产井、储井、深水井、注水井或高压/高温井(HPHT),还考虑了储层枯竭和地层沉降所带来的独特应力载荷;ElastiSeal™水泥浆体系(N_2泡沫水泥浆),该体系通过引入稳定、分散良好的N_2气泡,可以增加水泥环可压缩性、桥接性和弹韧性;ShaleCem™水泥体系,该体系通过添加Latex3000™胶乳,利用其滤失性小、在页岩表面成膜等特性,可以使井壁稳定并保护页岩储层不受水泥浆伤害。斯伦贝谢公司研发的CemFIT Flex弹韧水泥浆体系,该水泥浆体系密度1.50～1.94g/cm³,弹性模量2.4～6.9GPa,可在20～150℃井内温度下应用;FlexSEAL柔韧膨胀水泥浆体系,该体系能够保持水泥环力学完整性,抵抗储层改造时的循环载荷作用,消除井底流体窜流和环空带压。

国内为应对页岩气水平井大型分段水力压裂工艺对水泥环造成的影响,降低作业成本,也进行了大量的研究,开发了一系列性能优良的页岩气固井水泥浆体系。2011年,谭春勤等、陶谦等针对页岩气井固井需求研制并开发了具有较高强度和弹塑性的SFP弹韧性水泥浆体系,所用弹性材料SFP-1和韧性材料SFP-2可提高水泥环的动态力学性能和抗冲击破坏能力。该水泥浆体系已在黄页1井、泌页HF-1井及新页HF-1井等页岩气井中应用,取得了良好的效果,其中泌页HF-1井固井质量全井优质。2014年,许明标等研究开发了一套用于水平井全井段封固的双凝防漏堵漏水泥浆,该水泥浆不仅具有较高的水泥石强度,同时具有快速的静胶凝强度发展速度和较短的稠化转化时间,具有较强的防窜效果和良好的堵漏效果。该体系在涪陵页岩气田已应用了上百口井,具有较高的经济及应用价值,通过优化后,现阶段仍在涪陵页岩气开发中被应用。2014年,中石化江汉石油工程有限公司张国仿、袁欢、吴雪平等研究了韧性胶乳水泥浆体系,该体系通过添加12%胶乳和0.15%增韧纤维,能使1.90g/

cm³水泥石弹性模量降低至 2.45GPa(空白样 6.23GPa),而抗折强度为 3.3MPa,拉伸强度为 0.373MPa。该体系在建页 2 井产层固井中获得了应用。2014 年,许明标等在室内通过优选增韧材料 GBS-51 和胶乳复配,构建了一套高强韧性水泥浆体系,当 2%胶乳与 4%GBS-5 复配时,弹性模量为 2.69GPa。2017 年,中石化中原石油工程有限公司固井公司王秀玲等利用改性橡胶粉配合聚丙烯纤维材料,使水泥石弹性模量降低至 8GPa,抗折强度 5.41MPa。2020 年,中石化华东石油工程有限公司刘军康等研发了一种低残余应变弹韧性水泥浆体系,并在平桥南区块页岩气井中获得了应用。该体系采用新弹性材料 SFP-H,水泥浆密度 1.88g/cm³,水泥石弹性模量 6.6~7.2GPa。2020 年,中石化江汉石油工程有限公司页岩气开采技术服务公司何吉标等研发了 DeForm 弹韧剂配合 PC-G 防气窜剂,优化设计了抗高交变载荷水泥浆体系,该体系弹性模量 5~7GPa,抗循环载荷次数大于 30 次,抗折强度 5.7MPa,自 2018 年起,已在涪陵页岩气工区应用了 60 余井次。从目前已成规模的涪陵页岩气田来看,页岩气水平井固井运用较多的还是高韧性防窜水泥浆体系。对于页岩气水平井固井水泥浆的研究,国内外相关机构的研究重点主要聚焦在水泥浆注替及候凝过程防漏、防气窜及压裂后保证井筒完整性等方面。

总之,针对页岩气固井,各项工艺的研究与实施大多围绕以下两个方面开展:①为射孔提供均匀的环空及充填良好的水泥介质,要求形成连续而又坚固的水泥环,支撑和保护套管,同时支撑并巩固不坚定的岩层;②封隔注水泥井段内各组产层和其他渗透性岩层,防止层间窜通。

当前,随着复兴、川南区块的勘探开发不断推进,以中石化江汉石油工程有限公司为代表的开发作业者正往高温高密度页岩气水平井固井技术路上进军。为了达到更优质的固井质量目的,还需要效果更好、经济效益更优异的技术作为支撑。

2 页岩气固井关键技术

YEYANQI

2 页岩气固井关键技术

目前,在常压、高压和深层页岩气勘探开发中出现了系列固井技术难题,主要体现在固井井眼条件、套管柱结构设计(套管居中)、套管顺利下入、油基钻井液高效驱替、水泥环完整性预防与治理等方面,针对以上技术难题,中石化突破了一批制约页岩气勘探开发的技术瓶颈,在页岩气固井工程方面形成了井眼准备、套管下入、提高油基钻井液顶替、低承压漏失固井、固井水泥环完整性等关键技术,促进了涪陵工区、川南工区和鄂西地区页岩气的效益开发(张国仿等,2002,2014,2017;周贤海,2013;刘斌等,2015;周明刚,2017;彭莹江,2018;吴雪平,2015;游云武,2015;何吉标,2017;郝海洋等,2020;张家瑞等,2021)。

2.1 井眼准备关键技术

良好的井眼条件是保证优质固井的前提,主要包括井壁规则、井筒承压能力好、井眼清洁程度高、钻井液易驱替等方面。页岩气井相比于常规油气井,固井质量要求更高,井筒完整性要求更好,要求给予井眼准备足够的重视。依托涪陵、川南等国家页岩气示范区产能建设工程,经过多年科研攻关和现场实践,中石化逐渐形成了一套适用性强的页岩气固井井眼准备关键技术。

2.1.1 钻井液性能调整

固井施工的本质就是固井水泥浆对井筒环空钻井液顶替和置换的一个过程,井筒内钻井液的性能与固井质量息息相关,特别是页岩气井,目的层主要采用油基钻井液作业,井壁的油基泥饼和油膜对固井界面胶结影响大,如何高效地驱替油基钻井液至关重要,因此固井前钻井液性能调整是保证优质固井的必要程序。为了提高注水泥顶替效率,应在条件许可情况下尽可能按固井需求进行钻井液性能调整,基本原则是在保证井下安全前提下尽量降低钻井液黏度、动切力、固相含量。因此,在注水泥施工前需充分循环钻井液并要求进出口钻井液使其性能一致。对于摩阻、扭矩大及井眼轨迹复杂的页岩气井,起钻前需在井底泵注一定数量的封闭润滑浆,确保生产套管安全顺利下至设计井深。

依据页岩气水平井固井钻井液性能要求,结合涪陵工区 $\Phi 215.9$ mm 井眼固井施工经验,要求下套管前在压稳地层和提承压满足固井施工要求的前提条件下,推荐钻井液进出口密度波动幅度不大于 0.02g/cm^3,马氏漏斗黏度小于 60s,动切力小于 9Pa,固相含量小于 23%,并且充分循环排后效,全烃值小于 5%,油气上窜速度小于 $10\sim15$m/h;下完套管后以不小于 30L/s 大排量循环三周以上,充分携带井筒岩屑,同时保持钻井液性能稳定。

2.1.2 模拟通井

为保证套管能顺利下至设计井深,在下套管前采用模拟通井进行扩划井壁、破除台阶、清除井眼低边的岩屑床,模拟通井钻具组合设计方面主要通过模拟套管刚度进行底部钻具组合设计,常用 $\Phi 215.9$mm 井眼推荐通井钻具组合见表2-1-1。

表 2-1-1 常用 Φ215.9mm 井眼推荐通井钻具组合表

通井方式	通井钻具组合
单扶通井	Φ215.9mm 牙轮+430×410 转换接头+浮阀+411×520 转换接头+Φ139.7mm 钻杆×根数+521×410 转换接头+Φ210mm 扶正器+411×520 转换接头+Φ139.7mm 钻杆×根数+521×410 转换接头+Φ127mm 加重钻杆×根数+随钻震击器+Φ127mm 加重钻杆×根数+Φ127mm 钻杆×柱数+旁通阀+Φ127mm 加重钻杆×柱数+411×520 转换接头+Φ139.7mm 加重钻杆×柱数+139.7mm 钻杆+顶驱
双扶通井	Φ215.9mm 牙轮+430×410 转换接头+411×520 转换接头+Φ139.7mm 钻杆×根数+521×410 转换接头+Φ210mm 扶正器+浮阀+411×520 转换接头+Φ139.7mm 钻杆×根数+521×410 转换接头+Φ208mm 扶正器+411×520 转换接头+139.7mm 钻杆×柱数+Φ127mm 加重钻杆×根数+随钻震击器×9.75m+Φ127mm 加重钻杆×根数+Φ127mm 钻杆×柱数+127mm 加重钻杆×柱数+411×520 转换接头+Φ139.7mm 加重钻杆×柱数+139.7mm 钻杆+顶驱
双扶+清砂钻杆	Φ215.9mm 牙轮钻头+双母+浮阀+清砂钻杆×1 根+Φ210mm 扶正器+清砂钻杆×1 根+Φ210mm 扶正器+加重钻杆×柱数+Φ127mm 钻杆+清砂钻杆×1 根+Φ127mm 钻杆+清砂钻杆×1 根+Φ127mm 钻杆+清砂钻杆×1 根+127mm 钻杆+Φ127mm 加重钻杆×根数+随钻震击器+Φ127mm 加重钻杆×根数+Φ139.7mm 钻杆+顶驱

当通井钻具组合在通井过程中发生遇阻,特别是在遇阻井段,贯彻落实"一通、二冲、三转、四划眼"的思路。"一通"主要是在遇阻点上下拉划;"二冲"是对不能通过的井段,采用开泵下冲的方式,将遇阻点滤饼或岩屑带出井筒;"三转"是转动顶驱改变钻头方位下放,可避免钻具首次强行通过发生硬卡,并可起到修整井壁的作用;"四划眼"指开泵开顶驱下放划眼,同时密切观察划眼钻井参数变化情况和返出岩屑情况,判断是否划出新井眼,另外扩划眼注意减小钻头尺寸,选用易通过且修整井壁能力弱的钻井用简易扶正器,调整扶正器加放位置,低转速划眼、高转速倒划眼的操作方式均可减少划出新井眼的可能性。

通过采用软件模拟计算涪陵工区 4 种模拟通井钻具组合刚度以及套管刚度(表 2-1-2),并进行对比可知,目前 4 种通井钻具组合底部钻具刚度均高于套管刚度。在采用直径 210mm 双扶通井钻具组合情况下,将清砂钻杆添加在钻头与扶正器、扶正器与扶正器之间,底部通井钻具组合刚度明显高于使用 139.7mm 钻杆,其清砂钻杆相对于 139.7mm 钻杆具有更高的刚度(图 2-1-1)。通井钻具组合向上延伸,其刚度呈现降低趋势,并均小于套管刚度。

表 2-1-2 模拟通井钻具组合各区间与套管刚度计算表

分类	钻头–清砂钻杆/mm	钻头–扶正器 A	钻头–扶正器 B	钻头–下步加重钻杆	钻头–钻杆	钻头–上部加重钻杆	钻头–139.7mm 钻杆
双扶(210mm)清砂钻杆	3.89	5.91	5.55	3.13	1.65	1.72	1.71
双扶(209mm)清砂钻杆	3.89	5.87	5.50	3.12	1.65	1.72	1.71

续表 2-1-2

分类	钻头-清砂钻杆/mm	钻头-扶正器 A	钻头-扶正器 B	钻头-下步加重钻杆	钻头-钻杆	钻头-上部加重钻杆	钻头-139.7mm钻杆
双扶(210mm) 139.7mm 钻杆	2.39	5.41	4.06	2.89	1.64	1.71	1.71
单扶(210mm) 139.7mm 钻杆	2.39	3.68	—	2.54	1.32	1.38	1.49
套管	1.9						

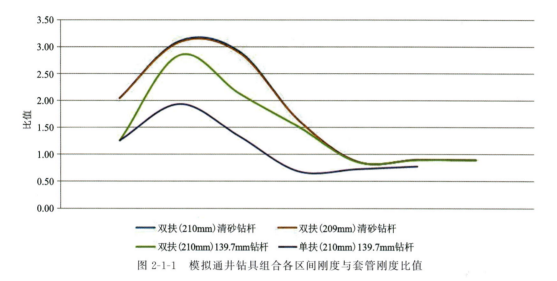

图 2-1-1 模拟通井钻具组合各区间刚度与套管刚度比值

2.1.3 岩屑床清除

水平井通常由于钻柱偏置、水力能量不足等导致岩屑堆积并形成岩屑床,过厚的岩屑床将导致钻井液有害固相含量增加和定向托压、管柱上提下放摩阻大,甚至引起井壁失稳等问题。岩屑床的清除方法主要有紊流搅动、短起下钻、使用岩屑清除工具、提高钻井液携砂能力等。

(1)强化水力参数,以增加循环排量为主。在现场机泵条件允许的情况下增大排量,当井下出现遇阻、黏卡等复杂迹象时,可以双泵大排量循环洗井。从岩屑床的形成因素可知泥浆泵排量越大(推荐排量大于 32L/s)、转速越高(推荐转速不低于 90r/min)、环空上返速度越快,越利于岩屑床的清除。

(2)使用岩屑清除工具(图 2-1-2)。常用的岩屑清除工具有清砂钻杆和清砂接头,主要利用流体在槽道附近形成了涡流结构,改变偏心环空中流体的流动特性,使流体从小环空往大环空运动,将岩屑输送到大环空,而槽道附近的涡流将岩屑卷入槽道中,并利用钻杆转动所产生的离心力将岩屑"甩入"大环空,达到有效清除井眼低边岩屑床的目的。

(3)稠浆洗井。针对前期堵漏井或胶结强度较弱的地层,采用大排量紊流洗井可能诱发进一步的漏失。稠浆塑性黏度较大(推荐黏度 80~100s),采用塞流或层流推进洗井,利用其

图 2-1-2 岩屑清除工具示意图

良好悬浮性,有效悬浮携带岩屑,同时不会诱发地层漏失。

(4)纤维洗井。选择具有良好分散性和悬浮性的洗井纤维,通过分散在钻井液中形成密集的网架结构,可以显著增加携砂能力。纤维加入对钻井液性能无影响,纤维包裹捕获的岩屑、掉块等通过泥浆循环经振动筛直接排出,从而达到井眼清洁的目的。

2.1.4 井筒提承压

储层页岩微裂缝、孔隙发育,固井施工中漏失风险高,为了提高顶替效率,需要地层具有良好的承压能力。页岩气固井水泥浆领浆设计密度一般高于钻井液密度 $0.05\sim0.10 g/cm^3$,附加上流动摩阻,施工静-动态井底当量密度大于钻进时期井底当量密度。井筒承压能力是保证固井质量和施工安全的关键因素,固井前需要进行井筒承压能力试验来验证井筒条件是否满足固井施工要求。

(1)渗漏性地层提承压措施。采取以随钻堵漏为主的措施,在下完套管循环过程中,加入一定量的随钻堵漏剂,在渗漏地层(漏失量 $1\sim3m^3/h$)中形成屏蔽暂堵层,强化原有的封堵效果。

(2)裂缝性漏失地层提承压措施。漏失量大于 $3m^3/h$,采用一般随钻堵漏难以达到堵漏效果,宜采用挤堵或注水泥塞的方式堵漏,下钻杆至漏层顶部,注入刚性纤维和粗粒径固体堵剂,根据具体情况选择开井或关井憋堵,后期大排量验漏,若仍存在漏失,后期采用反复憋堵或注水泥塞方式,直至井筒承压满足要求。

(3)诱导性裂缝漏失地层提承压措施。此类地层通常受邻井注采影响,漏失与反吐并存,施工安全压力窗口窄。针对该类地层的提承压,提前了解邻井注采情况,完井期间协商停止注采,再采取循环堵漏方式直至满足作业需求。

2.2 套管下入关键技术

套管柱下入井中之后要受到各种力的作用,套管柱所受的基本载荷可分为轴向拉力、外挤压力及内压力。套管柱的受力分析是套管柱强度设计的基础,在设计套管柱时应当根据套管最苛刻的情况来考虑套管的基本载荷。页岩气井投入巨大,在套管柱设计时一定要最大限度地保证套管柱有足够的强度和使用寿命,为后期作业打下坚实的基础。

2.2.1 套管柱设计

2.2.1.1 套管柱设计原则

根据页岩气钻井、分段压裂改造和采用工艺的特点,套管设计原则主要从以下4个方面考虑:①满足钻完井作业过程中抗拉、抗挤和抗内压载荷等的要求;②满足页岩气开发和储层大型体积分段压裂的工艺要求,选择适宜的扣型和钢级;③满足安全储备要求,尽可能延长套管的使用寿命;④在满足上述要求前提下,兼具经济性。

2.2.1.2 套管柱设计方法

1)安全系数要求

为保证套管柱设计能够兼顾套管顺利下入与经济性,依据标准《套管柱结构与强度设计》(SY/T 5724—2008),抗挤安全系数 $S_c=1.0\sim1.125$,抗内压安全系数 $S_i=1.05\sim1.15$,抗拉安全系数 $S_t=1.6\sim2.0$。

2)原始数据确定

套管柱的合理设计需依据钻井工程原始资料(表2-2-1、表2-2-2),主要包括套管下深、固井时钻井液密度、水泥返深等,同时还需关注各开次套管柱设计在抗挤安全系数、抗内压安全系数与抗拉安全系数的计算方面是否有特殊要求。

表 2-2-1 套管柱设计原始数据表

数据名称	数据名称	数据名称
井别	下开次最小钻井液密度/(g·cm^{-3})	掏空系数
井号	地层水密度/(g·cm^{-3})	抗挤安全系数(S_c)
套管类型	天然气相对密度	抗内压安全系数(S_i)
套管下深/m	地层压力梯度/(MPa·m^{-1})	抗拉安全系数(S_t)
水泥返深/m	上覆岩层压力梯度/(MPa·m^{-1})	岩石泊松比
固井时钻井液密度/(g·cm^{-3})	地层破裂压力梯度/(MPa·m^{-1})	
下开次最大钻井液密度/(g·cm^{-3})	套管下入总长度/m	

表 2-2-2 套管柱设计套管性能参数表

数据名称	数据名称	数据名称
直径/mm	单位长度质量/(kg·m^{-1})	钢级
抗挤强度/MPa	扣型	抗内压强度/MPa
壁厚/mm	抗拉强度/kN	管体屈服强度/kN

3)套管三轴应力强度计算公式

套管在井内会受到外力的作用,在考虑三轴应力载荷的情况下,套管三轴应力强度计算公式如下。

三轴抗挤强度:

$$P_{ca} = P_{co}\left[\sqrt{1 - \frac{3}{4}\left(\frac{\sigma_a + p_i}{Y_p}\right)^2} - \frac{1}{2}\left(\frac{\sigma_a + p_i}{Y_p}\right)\right] \quad (2-2-1)$$

三轴抗内压强度:

$$P_{ba} = P_{bo}\left[\frac{r_i^2}{\sqrt{3\,r_o^4 + r_i^4}}\left(\frac{\sigma_a + p_o}{Y_p}\right) + \sqrt{1 - \frac{3}{3}\frac{r_o^4}{r_o^4 + r_i^4}\left(\frac{\sigma_a + p_o}{Y_p}\right)^2}\right] \quad (2-2-2)$$

三轴抗拉强度:

$$T_a = 10^{-3}\pi(p_i r_i^2 - p_o r_o^2) + \sqrt{T_o^2 + 3 \times 10^{-6}\pi^2 r_o^4} \quad (2-2-3)$$

式中:P_{ca}为三轴抗挤强度(MPa);P_{ba}为三轴抗内压强度(MPa);T_a为三轴抗拉强度(MPa);P_{co}为抗挤强度(MPa);P_{bo}为抗内压强度(MPa);T_o为抗拉强度(MPa);p_o为管外液柱压力(MPa);p_i为管内液柱压力(MPa);Y_p为管材屈服强度(MPa);σ_a为轴向应力(MPa);r_o为套管外径(mm);r_i为套管内径(mm)。

2.2.1.3 应用案例

1)套管选材与选型

按照套管柱设计原则和套管的选材、选型,优先考虑满足条件的套管,并以涪陵页岩气田使用套管为例,其选材、选型如表 2-2-3 所示。

表 2-2-3 涪陵页岩气田常用套管性能数据表

外径/mm	钢级	壁厚/mm	扣型	每米质量/(kg·m⁻¹)	接箍外径/mm	抗拉强度/kN	抗挤强度/MPa	抗内压强度/MPa
473.1	J-55	11.05	STC	130.22	508.00	3354	4.3	15.5
339.7	L80	12.19	BTC	101.29	365.10	6872	15.6	34.0
244.5	P110	11.05	LTC	64.79	269.88	4920	30.5	60.0
139.7	P110	12.34	TP-CQ	38.76	157	3332	122.2	117.3
139.7	TP110T	12.34	TP-CQ	38.76	157	3332	131.0	117.3

2)套管柱强度校核

套管强度校核严格按照行业标准《套管柱结构与强度设计》(SY/T 5724—2008)的要求进行,计算采用的参数有:生产套管抗挤按全掏空计算;水平段抗拉按附加 500kN 摩阻计算;生产套管井口按最高 92MPa 施工压力计算内压力。典型井的套管柱强度校核数据如表 2-2-4 所示。

表 2-2-4　典型井的套管柱强度校核数据表

套管程序	规范		段长/mm	钢级	壁厚/mm	每米质量/(kg·m⁻¹)	段质量/t	累质量/t	安全系数		
	尺寸/mm	扣型							抗挤	抗内压	抗拉
导管	473.1	STC	60	J-55	11.05	130.22	7.81	7.81	>1.0	>1.0	>1.6
表层套管	339.7	BTC	500	L80	12.19	101.29	50.65	50.65	>1.0	>1.0	>1.6
技术套管	244.5	LTC	2500	P110	11.05	64.74	161.85	161.85	>1.0	>1.0	>1.6
生产套管	139.7	TP-CQ	2400	P110	12.34	38.76	93.02	171.32	>1.0	>1.0	>1.6
			2020	TP110T	12.34	38.76	78.30	78.30	>1.0	>1.0	>1.6

2.2.2　套管气密封检测

页岩气井后期井筒作业压力高,对套管的气密封性能提出了更高要求。套管本体的密封完整性是保证井筒长期密封完整性的前提,是预防后期出现井筒密封失效问题的第一道防线。套管本体在出厂时会做气密封检测试验,套管连接丝扣的密封性却被忽略,而导致套管连接丝扣泄漏的原因有很多,主要包括加工误差、运输作业过程中的磕碰、丝扣的清洁度、密封脂的选择、上扣扭矩值等,针对这些问题,套管气密封检测技术应运而生(马晓伟,2016;陈小龙,2017)。在下套管过程中,须对连接丝扣进行气密封检测,确保整个生产套管柱的完整性。

套管气密封检测采用氦气检漏法,介质为氦气和氮气的混合气体,其中氦气的体积分数为10%~13%。氦气分子直径小,在气密封扣中易渗透,套管气密封检测能及时对泄漏情况进行预报。氦气和氮气均对套管无腐蚀,是无毒、安全的不活泼气体,并对人体无伤害,对环境没有影响,为此大大提高了施工安全系数。

2.2.2.1　检测设备

气密封检测工序由5部分的设备来完成,分别是检测工具、动力设备、储能器、绞车和检漏仪。

(1)检测工具。由上、下两个封隔器组成,检测时将工具下到合适位置后,调整绞车阀门,使高压流体从高压管线进入检测工具,高压流体推动滑套分别向两头运动,挤压封隔器胶筒座封,使检测工具和套管形成环空。继续增压,到达设计的压力时开始检测。

(2)动力设备。用来提供施工的动力,包括高压泵、液泵等。

(3)储能器。利用动力设备的高压源,对进入储能器的氦氮混合气体进行增压,由具备超高压容器设计和制造资质的厂家加工,并按油田要求每年定期进行第三方检测。最高额定工作压力为140MPa。

(4)绞车。用于控制检测工具进出套管,以及控制增压和泄压。气密封检测控制系统的一大特点就是通过低压气体来控制高压流体,目的是降低安全风险。

(5)检漏仪。主要用于检测氦气的泄漏率,根据检测到的氦气泄漏率来判断套管连接丝扣的密封性是否合格。检漏仪的精度为 1.0×10^{-7} mbar·L/s,检测灵敏度为 1.0×10^{-7} mbar·L/s,反应时间少于 0.7s,在施工现场能够即时有效地做出判断。

2.2.2.2 工作原理

施工时先把检测工具放入管柱内,检测工具的上、下封隔器胶筒分别卡在套管接箍的上、下位置;储能器中预充氦氮混合气,高压水泵用水推动储能器中混合气体压缩,向测试工具内注入氦氮混合气,工具坐封;继续运转高压水泵增压,推动储能器内混合气体继续压缩到设计要求的检测压力,此时氦气进入检测工具与管柱之间的密闭环形空间;用带有氦气检漏仪探头的检测集气套把接箍包起来形成密闭空间,集气套里的气体通过检测探头进入检漏仪,如果检漏仪显示氦气含量超过泄漏界定值,说明丝扣密封不合格(图 2-2-1)。

套管气密封检测可以有效杜绝损坏套管入井,减少了套管密封不严、套管试压试不住等故障的发生,为页岩气的安全运行提供保障。

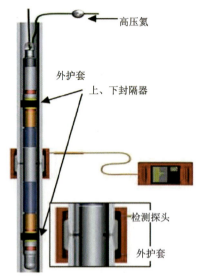

图 2-2-1 套管气密封检测原理示意图

2.2.3 套管下入摩阻计算

随着水平井和大位移井的日益普遍,由于套管柱自重和井眼弯曲等多种因素的影响,水平井和大位移井中的套管柱存在较高的摩阻力,摩阻过大将会影响到套管柱的顺利下入(杨广国等,2012)。

2.2.3.1 满足套管下入的井眼条件

美国石油学会(API)和国际钻井承包商协会(IADC)推荐套管允许通过的最大井眼曲率:

$$C_\mathrm{m} = \frac{\sigma_\mathrm{s}}{59.9 d_\mathrm{c} k_1 k_2} \tag{2-2-4}$$

式中:C_m 为套管允许通过的最大井眼曲率[(°)/30m];k_1 为安全系数,API 推荐 1.8,IADC 推荐 1.2~1.5;k_2 为螺纹应力集中系数,API 推荐 3.0,IADC 推荐 2.0~2.5;d_c 为套管管体外径(m);δ_s 为套管管体的屈服强度(MPa)。

国内专家在分析套管可通过的最大井眼曲率影响的基础上,参照了国内 139.7mm 套管弯曲实验数据,结合部分油田的现场经验,提出了套管可通过的最大井眼曲率的确定方法,算例表明更接近实际。

$$C_\mathrm{m} = 10.08 \frac{p_\mathrm{j} - p_\mathrm{e}}{d_\mathrm{c} A} \tag{2-2-5}$$

式中：C_m 为套管允许通过的最大井眼曲率[(°)/30m]；p_j 为套管螺纹连接强度(kN)；p_e 为套管已承受的有效轴应力(kN)；d_c 为套管管体外径(cm)；A 为套管管体的横截面积(cm²)。

2.2.3.2 下套管时的摩阻计算

1）套管轴向拉力对井壁的作用

在井眼弯曲处，套管柱轴向拉力对井壁产生的压力 p_C 可分解为

垂直面上的分力：$p_{CV} = (W_{bA} + W_{bB})\sin(\Delta\alpha/2)$

空间全角面上的分力：$p_{CS} = (W_{bA} + W_{bB})\sin(\Delta\beta/2)$

式中：W_{bA}、W_{bB} 为 A、B 点截面上合成轴向拉力(kN)；$\Delta\alpha$ 为 AB 段井斜角变化量(°)；$\Delta\beta$ 为 AB 段井眼全角变化量(°)。

2）法向合力与摩擦力

套管柱作用在井壁上总法向合力 P 是由垂直面上分力 P_V 和全角面上分力 P_S 组成：

$$P_V = P_{hAB} \pm P_{cV}$$

$$P_S = P_{cS}$$

整理得：

$$P_V = 0.001 L_{hAB} Q_n B_F \pm (W_{bA} + W_{bB})\sin(\Delta\alpha/2)$$

$$P_S = (W_{bA} + W_{bB})\sin(\Delta\beta/2)$$

$$P = \sqrt{P_V^2 + P_S^2}$$

因此，套管对井壁的摩擦力：$F = \mu P$（式中，P_V 式中降斜井段取正号，增斜井段取负号。）

3）摩阻系数的确定方法

一般来说，摩阻系数 μ 的推荐取值为：套管内 μ 为 0.2～0.3；套管外 μ 为 0.3～0.6。实际现场摩阻系数 μ 的确定方法是：①通过分析、总结同一区块已完成水平井套管下入的实际大钩载荷，计算出实际摩阻力，通过反算求得摩阻系数，作为该区块水平井下套管摩阻系数值；②综合考虑钻井过程起下钻、通井的情况，确定或修正下套管摩阻系数值。

若要准确计算出套管下入的摩阻力，关键是合理估算套管下入的摩阻系数，因此，要做到：①采用不同的设计软件进行套管下入摩阻力计算，并考虑扶正器的影响（对认可度不高或使用不多的软件结果仅作参考）；②一般应选择不同的摩阻系数（特别要考虑较高摩阻系数的情况），进行套管下入摩阻力计算，确保套管顺利下入。

4）井壁对套管的摩阻力

由计算可知，井壁对套管的摩阻力 F = 管柱对井壁的法向合力 P × 摩阻系数 μ，即：$F = \mu P$。

浮重的法向分力：$P_{hAB} = 0.001 L_{hAB} Q_n B_F$

式中：P_{hAB} 为 AB 段浮重的法向分力(kN)；L_{hAB} 为 AB 段在水平面上的投影长度(m)；Q_n 为套管每米质量(N·m⁻¹)；B_F 为浮力系数，$B_F = 1 - \rho_m/\rho_s$；ρ_m 为钻井液密度(g/cm³)；ρ_s 为管柱平均密度，取 7.8g/cm³。

2.2.4 水平井套管下入

2.2.4.1 水平井套管下入难点

套管柱在通过水平井弯曲段和水平段时受力较复杂,会出现直井段中不可能遇到的一些问题。水平井套管下入难点主要体现在以下 5 个方面。

(1)下套管摩阻大,在大斜度井段和水平井段套管对井壁的侧向力大,从而增加了下套管摩擦阻力。随着裸眼段不断延伸,摩阻力显著增加,限制水平井套管下入。井眼弯曲时套管柱紧贴下井壁,存在因套管刚性很大使套管柱卡在井眼弯曲段而无法下入的问题(图 2-2-2)。

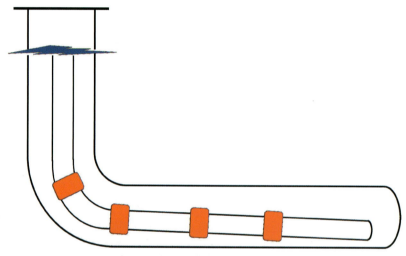

图 2-2-2 水平井套管下入示意图

(2)水平井段长,驱动力不足,靠套管自重难以下到预定井深。位垂比越大,套管下入越困难,进入大斜度井段后套管自重减小,水平段阻力增大,当驱动力不足以抵消阻力作用时易出现下套管困难的现象,下套管摩阻模拟分析如图 2-2-3。

(3)扶正器安放设计不合理,套管居中度难以保证,容易出现贴边现象,套管与井壁的接触面积增加,黏着力也越大,其结果必然增加套管下入的阻力。水平段套管下入黏附示意图如图 2-2-4。

(4)受地质导向穿越优质储层的要求,水平段井眼轨迹易形成"S"形波浪起伏(图 2-2-5),导致套管下入通过阻力增大,使下套管遇阻。

(5)定向造斜率高易在井壁形成微台阶,造斜点至 A 靶点"狗腿度"相对较大,起下钻过程中易形成键槽或岩屑床堆积,易导致下套管遇阻或遇卡。

2.2.4.2 优化水平井套管下入技术

1)优化井眼轨迹

钻井设计过程中,为减小套管下入摩阻,需要适当控制造斜段、增斜段井眼曲率,以确保

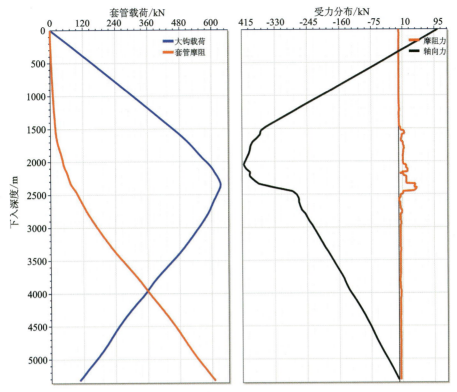

图 2-2-3 下套管摩阻模拟分析

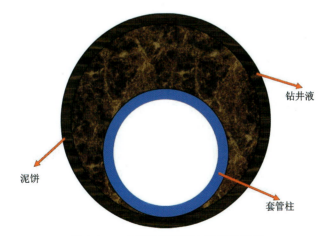

图 2-2-4 水平段套管下入黏附示意图

图 2-2-5 水平段"S"形井眼轨迹

套管的安全下入。

2)优化套管串结构

套管结构的优化不仅可以增加套管的居中度,还是保证套管顺利下入的重要手段。即套管串在进行结构优化时,以居中度大于67%为基础,下套管摩擦阻力最小为优化设计原则,优选扶正器、浮箍浮鞋,优化扶正器安放设计。

由图2-2-6、图2-2-7可知,不同扶正器交替使用方案中除弹性扶正器/弹性扶正器方案外,套管居中度均大于67%,满足固井施工对于套管居中度的要求,其中半刚性扶正器/滚珠扶正器交替使用情况下套管居中度达到83.6%。伴随水平段长延伸,水平段套管自重增大,弹性扶正器复位力具有一定局限性,弹性扶正器与刚性扶正器、半刚性扶正器、滚珠扶正器交替使用均不是保证套管居中度的最佳方案;同时,刚性扶正器外径尺寸固定,在不规则以及井眼尺寸较大条件下也不利于套管居中度的提高。不同扶正器交替使用方案中,滚珠扶正器/滚珠扶正器交替使用情况下套管下入摩阻为277kN,弹性扶正器/弹性扶正器交替使用情况下套管下入摩阻为510kN,滚珠扶正器/滚珠扶正器交替使用为控制套管下入摩阻最佳方案。弹性扶正器其固有的摩阻系数大特点直接影响与刚性扶正器、半刚性扶正器、滚珠扶正器交替使用情况下套管下入摩阻,刚性扶正器摩阻系数相对于半刚性扶正器摩阻系数小,在交替使用方案中,刚性扶正器利于套管下入摩阻的控制。综合考虑套管居中度以及套管下入摩阻,半刚扶正器/滚珠扶正器交替使用为最佳方案。

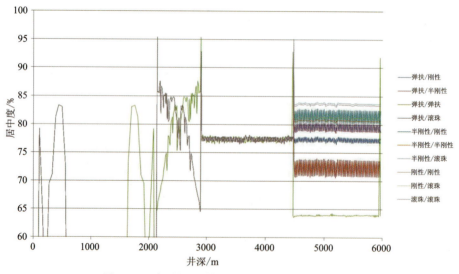

图2-2-6 水平段不同扶正器类型套管居中度模拟

3)下套管前的井眼准备

下套管前的井眼准备是水平井固井中非常关键的环节,必须引起足够的重视。在下套管之前,对于井眼的准备主要采取以下几个方面的通井技术措施。

要模拟套管串的结构,根据其刚性进行模拟通井,一般是应用特殊的扶正器进行单扶正器一次通井、双扶正器二次通井和三扶正器三次通井。

对于通井过程中有遇阻卡显示的地方要反复划眼,修整井壁,清除岩屑床,多次短起下遇

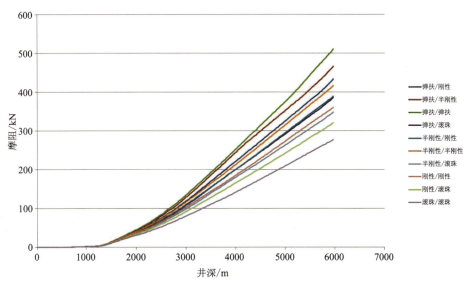

图 2-2-7 水平段不同扶正器类型套管下入摩阻模拟

阻位置,直至无遇阻显示为止。在每次通井到底后必须充分大排量循环洗井,处理好钻井液的性能,保证井壁稳定,井眼无沉砂与漏失。

在最后一次通井起钻前,在调整钻井液的性能时可加入一定量的润滑材料,保证钻井液具有非常好的润滑性能,降低下套管作业中的摩擦阻力,为套管的安全下入做好准备。

2.2.5 固井工具及附件优选

为保证套管顺利下入与固井施工安全、提高固井质量,在套管柱设计方面优选扶正器、浮鞋、浮箍、关井阀系统、尾管回接装置、趾端滑套等固井工具及附件。

2.2.5.1 套管扶正器

套管扶正器主要用于提高套管柱居中度,改善水泥环质量,同时能够一定程度上减小下套管时的阻力和避免套管黏卡。由于页岩气水平井井身结构和井况的复杂性,下套管作业风险较高,同时随着水平段长的不断增加,套管安全下入受到了更为严峻的挑战。页岩气常用套管扶正器主要有树脂扶正器、刚性扶正器、弹性扶正器和滚珠扶正器四种。

1)树脂扶正器

树脂扶正器由高分子材料高温高压一体化铸造而成,外面有4道或6道扶正条。该扶正器优点在于耐冲击、耐高温,整体质量较轻,具备微变形能力,特殊井段通过性较强,抗破裂能力较强;摩擦系数低,在井下运动时摩擦力小,耐磨损,扭矩小,低密度,坚固耐用,具有极强的耐腐蚀性能和耐温性能;在套管上可以自由转动和上下滑动,也可以用定位器或固定螺丝将其固定在套管某个位置;在套管入井时能刮除泥饼,清洁井壁,在注水泥时能使水

图 2-2-8 树脂扶正器

泥浆产生旋流,提高顶替效率;在斜井和水平井中,能托住套管,使套管居中,提高固井质量(图2-2-8)。

2)刚性扶正器

刚性扶正器采用整体铸造工艺制作,外边缘按30°斜角设计棱边6条或8条,下入过程中依靠棱边支撑套管居中,按斜角设计棱边,在循环过程中导流形成旋流提高对井壁虚泥饼的冲刷效果。该扶正器优点在于刚性扶正器采用整体铸钢制作,刚性强、扶正效果好;缺点是对于狗腿度较大、缩径井段,易造成套管下入困难,使用刚性扶正器前必须做好通井井壁修整工作,避免套管下入困难的情况发生(图2-2-9)。

图 2-2-9　刚性扶正器

3)弹性扶正器

页岩气水平井常用弹性扶正器为整体式弹性扶正器,整体式弹性扶正器由上套筒、下套筒和6~8条弹性扶正条组成,弹性扶正条连接于上套筒、下套筒之间,下套过程中依靠弹性扶正条的支撑力保持套管居中。该扶正器优点在于应对井壁不规则井段,扶正条可根据受力情况发生形变,保证顺利通过不规则井段;缺点在于形变程度较大,套管居中效果较差(图2-2-10)。

图 2-2-10　整体式弹性扶正器

4)滚珠扶正器

滚珠扶正器通过侧边开槽嵌入钢珠,改变刚性扶正器和弹性扶正器滑动前进方式为滚动前进方式,减小下套管摩阻。目前涪陵页岩气井常用的滚珠扶正器主要有多滚珠扶正器和单滚珠扶正器两种(图2-2-11)。多滚珠扶正器主要应用于焦石、白马、红星等地层硬度较大区块水平井中,单滚珠扶正器主要应用于复兴区块陆相地层塑性强度较大的水平井中,防止黏土矿物卡死滚珠失去滚动效果。

图 2-2-11　滚珠扶正器(左为多滚珠扶正器,右为单滚珠扶正器)

不同类型的扶正器对套管下入和居中度有不同的影响。例如弹性扶正器通常有较好的形变能力,能够有效保障套管的顺利下入,但其支撑力有限;刚性扶正器具有很高的支撑力,能够保持较高的居中度,但对井眼的要求较高并且还会增加管柱的刚度,易造成套管下入困难;滚珠扶正器结合了上述两者的优点,将面接触转变成点接触,降低了套管下入摩阻,同时又提供了较高的支撑力,保证套管居中度。在实际现场应用过程中,兼顾扶正效果和经济性,选择3种扶正器组合使用。

5)应用案例

以涪陵工区套管扶正器选型与安放措施为例,通过软件对不同扶正器加量下的下套管摩擦阻力进行分析,扶正器安放设计如下:①浮鞋或浮箍上方3~5m,安装定位环以便固定扶正器;②水平井段,每根套管加一个扶正器,采用刚性旋流扶正器和滚珠刚性扶正器交替安放;③上部套管鞋重叠部分300m,每根套管安放一个刚性旋流扶正器,井口以下200m处,每根套管安放一个刚性旋流扶正器;④斜井段保证两根套管加入一个刚性旋流扶正器;⑤井口以下200m到套管鞋上300m的套管部分,每5根套管安放一个刚性旋流扶正器。套管居中安放位置如图2-2-12。典型井的套管扶正器安放要求如表2-2-5所示。

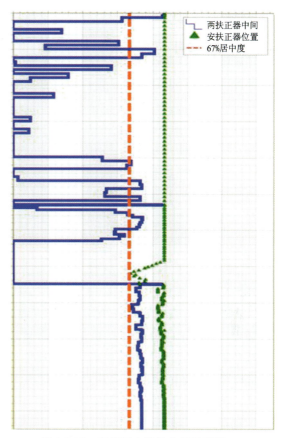

图 2-2-12 套管居中安放位置示意图

表 2-2-5 套管扶正器安放要求

套管程序	套管尺寸/mm	钻头尺寸/mm	井段	扶正器型号	扶正器间距/m
表层套管	339.7	444.5	直井段	弹扶	30~40
技术套管	244.5	311.2	直井段	弹扶	50~60
			造斜段	弹扶/刚性	30~40
生产套管	139.7	215.9	井口	刚性旋流	10~12
			直井段	刚性旋流	50~60
			套管重叠300m	刚性旋流	10~12
			造斜点-A靶点	刚性旋流	20~22
			A靶点-井底	刚性旋流/滚珠刚性	10~12

2.2.5.2 旋转自导向浮鞋

旋转自导向浮鞋是在复杂井眼下套管时,可使用自动导引套管下入方向的浮鞋来辅助套管下入,主要使用于狗腿度较大的复杂井眼或糖葫芦井眼下套管。

1) 结构组成

旋转自导向浮鞋结构主要由壳体、凡尔座、凡尔球、复位弹簧、滚珠和偏头引鞋组成,具体实物如图 2-2-13 所示。偏头引鞋的背面有对称的反螺旋沟槽,可利用摩擦阻力产生自导向作用。

图 2-2-13 旋转自导向浮鞋

2) 工作原理

旋转自导向浮鞋具有高承压能力的浮箍功能,相比常规浮箍具有更高的抗回压能力和密封能力。下套管过程中,旋转自导向浮鞋接触不规则井壁,在井壁摩擦侧向力的作用下偏头引鞋会向相应的方向旋转,直到左旋的螺旋槽与右旋的螺旋槽同时与井壁发生接触,井壁对螺旋槽分别产生的摩擦侧向力大小相等、方向相反,当旋转力矩互相抵消时,偏头引鞋才停止转动。此时,偏头引鞋下端引导能力较强的大球面始终朝向所接触的井壁,即使遇到全角变化率较大的井段也能顺利通过,确保套管能够下入指定位置。

2.2.5.3 漂浮接箍

漂浮接箍是漂浮下套管工艺的主要固井工具,通过向漂浮接箍和浮鞋之间注入空气或者低密度钻井液来增加套管在井筒中的浮力,降低套管下入摩阻,从而实现套管顺利下入。

1) 结构组成

目前漂浮接箍主要分为破裂盘式漂浮接箍和滑套式漂浮接箍,其中破裂盘式漂浮接箍外筒通过上下端的套管丝扣与套管相连,使用与套管相同的材料,夹筒内壁上部有特制丝扣,内部装置通过特制丝扣与外筒相连,与夹筒相连的塞座上下各有防旋转齿,可以防止钻水泥塞时发生旋转,通过密封圈将夹筒下部与外筒之间相连,压力破裂膜用不锈钢片制作,套管下入目标井深后,地面加压将压力破裂膜压碎并开始注钻井液。滑套式漂浮接箍外筒分为上、下滑套两个部分,内套可用钻头钻掉,上、下滑套通过上锁销固定在外筒中,滑套底部有循环孔,套管下到位后,通过泥浆泵加压剪切球,露出循环孔即可循环(表 2-2-6、图 2-2-14)。

表 2-2-6 不同厂家漂浮接箍类型

公司	漂浮接箍类型	规格	打开压力/MPa
Halliburton	破裂盘式	φ244.5mm	24～55
Davis	滑套式	φ244.5mm	35～38

续表 2-2-6

公司	漂浮接箍类型	规格	打开压力/MPa
中石油渤海钻探	滑套式	φ139.7mm	24
大庆钻井工程技术研究院	滑套式	φ139.7mm	25
中石油钻井工程技术研究院	破裂盘式	φ139.7mm	5～30
库尔勒中油能源技术服务有限公司	破裂盘式	φ139.7mm	15～45
德州大陆架石油工程有限公司	破裂盘式	φ139.7mm	41

图 2-2-14 漂浮接箍(左为破裂盘式,右为滑套式)

2)应用情况

(1)基础数据。胜页 9-3HF 井是部署于川东高陡褶皱带万县复向斜东胜南斜坡的一口开发水平井,完钻 6945m,水平段长 4035m,完钻钻井液密度 1.50g/cm³,是国内首口水平段超过 4000m 的页岩气水平井。该井为超长水平段水平井,位垂比大、套管下入摩阻大,通过软件模拟,保证套管安全下入的全井极限摩阻系数为 0.21,超过实钻短起测试值 0.25,采用常规下套管方式不能保证套管顺利下至目标井深(图 2-2-15)。

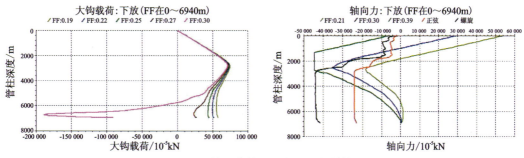

图 2-2-15 模拟套管下入大钩载荷与轴向力

(2)技术措施。根据软件模拟结果,优选漂浮长度4000m(实际4 034.7m),且采用双漂浮工艺。设计1号漂浮接箍下深2856m(实际下深2 889.31m,垂深2651m,承受液柱压力18.84MPa);设计2号漂浮接箍下深1300m(实际下深1 397.79m,垂深1395m,承受液柱压力20.92MPa)。套管串结构为:高承压旋转浮鞋+套管+浮箍+套管+浮箍+套管+浮箍+套管+关井阀座+套管串+1号趾端滑套+套管+2号趾端滑套+套管+3号趾端滑套+套管串+1号漂浮接箍+套管串+2号漂浮接箍+套管串+芯轴悬挂器(图2-2-16)。

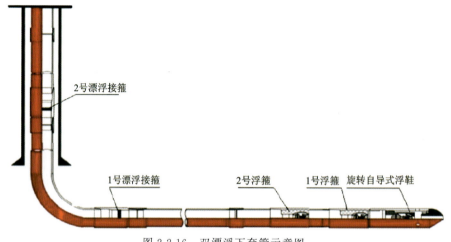

图2-2-16 双漂浮下套管示意图

施工注意事项:①按照套管串依次下入漂浮管柱,最前3个附件之间灌满钻井液。②在安装1号漂浮接箍之前,管柱不进行灌浆,安装漂浮接箍时涂抹套管螺纹密封脂,打钳要远离破裂盘安装位置,按标准扭矩上扣。③安装1号漂浮接箍后,边下套管边灌浆,每10根灌浆,灌浆排量不得大于0.2m³/min;安装2号漂浮接箍时,前10根不灌浆。④安装2号漂浮接箍后,边下套管边灌浆,每10根灌浆,灌浆排量不得大于0.2m³/min,最后200~300m根据现场钩载情况可不灌浆。⑤安装1号漂浮接箍后,要求控制下套管速度,单根套管纯下放时间不小于60s。⑥下套管过程中若遇阻超过100kN,通过缓慢上提下放尝试通过。⑦管柱坐挂后,接水泥头连接注浆及排气双管线,灌浆管线连接流量计,先灌满泥浆,再缓慢憋压打开2号漂浮接箍破裂盘,控制排量小于0.3m³/min,缓慢升压至破裂压力,压力突降显示破裂盘破裂,在液柱压力传递到1号漂浮接箍后1号破裂盘破裂,破裂后先静止等待1~2h排气观察,再边灌浆边排空气直至灌满泥浆,并控制灌浆排量小于0.3m³/min,每次灌入量1~2m³,流量计计量与泥浆罐人工计量校核,确保灌入量与理论相符。

(3)应用效果。通过采用双漂浮下套管方式,下套管至A点前,悬重逐渐上升至700kN;过A点后摩阻逐渐增大,悬重逐渐下降,至接入1号漂浮接箍前(4051m),悬重下降至620kN;4051m~接入2号漂浮接箍前(5543m),悬重基本保持稳定(62~74t);5543~6530m,悬重基本保持不变(76~82t);6530~6982m,悬重基本保持不变(74~77t);6928~井底,下放悬重60t。该井下套管过程顺利,全程无遇阻显示,悬重变化平稳(图2-2-17)。

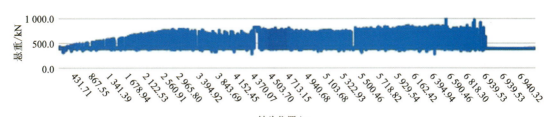

图 2-2-17 胜页 XX-3-3HF 井下套管悬重变化图

2.2.5.4 关井阀系统

1)结构组成

关井阀系统由关井阀与阀座构成,其中关井阀由整体硫化胶碗、胶塞芯轴、组合密封圈、防退卡簧、胶塞导向头组成,阀座由外壳与阀座体构成(图 2-2-18)。

图 2-2-18 关井阀系统

关井阀采用整体硫化胶碗独特设计,具有高扶正力,保证在大斜度井、水平井固井施工过程中保持胶塞良好的居中性、隔离钻井液和刮拭效果;组合密封圈能够长期密封 70MPa 压力;防退卡簧具有防转、防退能力,能够承受井底高压保证不发生倒返,在后期钻塞时,防止胶塞随钻头旋转,提高钻除效率;胶塞导向头具有导向功能,保证自锁胶塞能够顺利入座。阀座外壳上下分别设计有套管扣,可与套管相连;阀座体设计有密封面和与防退卡簧相配合的卡簧锯齿螺纹槽;外壳与阀座体之间通过螺纹加组合密封圈的形式连接,保证了连接强度与密封能力。

2)工作原理

施工时,将阀座与套管相连,预置于井底。替浆时,投关井阀,到位后碰压。将关井阀导向头插入阀座体,防退卡簧与阀座体卡簧锯齿螺纹槽配合,保证关井阀倒返,组合密封圈进入密封面以保障密封能力。关井阀系统具有以下优点:①高扶正、隔离与刮拭效果。自锁胶塞整体硫化胶碗独特设计有球形扶正翼,具有高扶正力,保证胶塞在替浆过程中具有良好的居中性、隔离与刮拭效果。②高密封能力。自锁胶塞独特设计的组合密封形式,可以保证防倒返自锁胶塞系统具有较高的密封能力。③高防退能力。自锁胶塞防退卡簧与胶塞阀座体配合具有防转能力与较高的防退能力。④易钻除。自锁胶塞与胶塞阀座体均采用橡胶材料与易钻除金属设计,易于钻除。

2.2.5.5 尾管回接装置

(1)结构组成。尾管回接装置由提拉结构、扶正环、本体、密封组件、插入式导向头等零件组成,见图2-2-19。

图 2-2-19　尾管回接装置示意图

(2)工作原理。尾管回接装置是指从尾管悬挂器顶部的喇叭口处向上回接套管到井口,并完成注水泥作业的固井工具。先下尾管后接套管,等于一层套管分两次下入,降低对套管钢级和壁厚的要求,有利于减轻钻机负荷,减少下套管费用。外层套管被磨损、腐蚀后,可以在内层通过回接套管进行隔离,以提高其抗腐蚀性和耐磨性。通过尾管回接工艺,分两段注水泥施工,有利于解决深井固井因封固井段长、温差大、一次固井水泥浆性能难以满足固井施工要求等问题。

2.2.5.6 趾端压裂滑套

趾端压裂滑套作为第一级压裂滑套,随套管一起入井至预定位置,并完成固井作业,压裂时只需通过井口打压的方式即可打开滑套,形成第一段压裂通道,可代替连续油管射孔作业,提高作业效率,降低作业风险和成本。

(1)结构组成。趾端压裂滑套主要由中心管、活塞腔、破裂盘和节流装置等零部件组成,如图2-2-20所示。它在使用过程中还需配套特制的胶塞和碰压座,以满足固井施工要求。

图 2-2-20　趾端压裂滑套装置示意图

(2)工作原理。趾端压裂滑套的活塞腔分为液体腔和空气腔两部分,在这两腔之间设置了节流装置;当工作压力超过延时控制系统的限定值时,破裂盘开启,压力推动内活塞移动,将液体腔内液压油通过节流装置逐渐挤入空气腔,实现延时功能;当液体腔的液压油被挤入空气腔、让出足够的空间后,滑套开启,井筒与地层形成第一段压裂通道。

2.2.6　旋转下套管

旋转下套管通常是指顶驱下套管(CRT),是一种适用于水平井下套管的辅助技术,可以在下套管时使套管柱同时完成旋转、提放及循环泥浆等工作,最大限度地保证了套管能顺利下至井底。

2.2.6.1 结构组成

目前主流顶驱下套管工具有液压内卡式、液压外卡式以及接箍外卡式3种(图2-2-21)。

1)液压内卡式

该类装置上端与顶驱主轴相连接,可以通过顶驱传递扭矩并通过智能监控系统精确控制下套管作业时套管的上扣扭矩。液压内卡式的工作原理是通过顶驱的液压源,使驱动机构的上、下油腔充油并升压至设定压力,驱动活塞上下运动来驱动卡瓦机构收缩或张开,进而松开或卡紧套管,以传递旋转运动,完成上扣动作(图2-2-22)。该装置采用自封式皮碗封隔套管,可以在下套管作业的同时循环钻井液,以减少或避免复杂事故的发生(图2-2-23)。

以下列举两种液压内卡式旋转下套管装置的参数,见表2-2-7。

图2-2-21 旋转下套管工具

(从左至右依次为液压内卡式、液压外卡式、接箍外卡式)

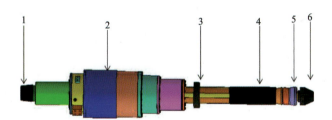

1.连接螺纹;2.驱动机构;3.限位机构;4.卡瓦机构;5.密封机构;6.导向机构

图2-2-22 液压内卡式示意图

表2-2-7 两种液压内卡式旋转下套管装置参数表

型号	IHCRT178	IHCRT244
适用套管外径/mm	177.8~244.5mm	244.5~339.7mm
水眼直径/mm	50.8	50.8
水眼密封压力/MPa	35	35
最大抗拉/压载荷/kN	2250/4500	4500/4500
最大工作扭矩/kN·m	50	50
上端接头螺纹/API	6-5/8REG	6-5/8REG

图 2-2-23　液压内卡式旋转下套管装置现场工作实况

2）液压外卡式

为了满足小规格套管下入深度大、提拉吨位大的要求，使用液压外卡式顶驱下套管装置。液压外卡式工作原理与液压内卡式的区别在于卡瓦机构是在套管的外部通过收缩或张开，进而松开或卡紧套管，以传递旋转运动，完成上扣动作（图 2-2-24）。

图 2-2-24　液压外卡式旋转下套管装置现场工作实况

3）接箍外卡式

该类旋转下套管装置主要由接箍外卡主体装置（图 2-2-25），以及其他附属配置的位移补偿器、智能监控系统、附加吊环连接器和小吊环及吊卡、独立液压站等部件组成。接箍外卡装置主体油缸向下运动，环状的聚氨酯垫子首先接触到套管接箍端面完成端面密封，然后外壳沿斜坡继续向下运动,把钳牙座及钳牙向内收紧,最后夹紧套管接箍外壁,靠摩擦力给套管旋扣并绷紧。

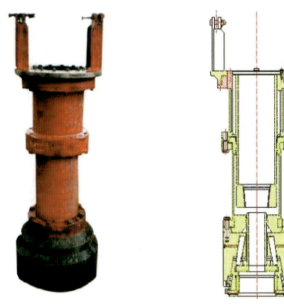

图 2-2-25 接箍外卡式主体装置

位移补偿装置上搭载智能监控系统,可做到对上扣扭矩、上提力及下压力、旋转圈数等参数的精确检测(扭矩检测精度可达 100N·m)及控制,还可实时屏幕图表显示及存储备查,同时具备多点视频监控,可通过高清显示器实时观察装置的工作情况,位移补偿装置及智能监控系统见图 2-2-26。

 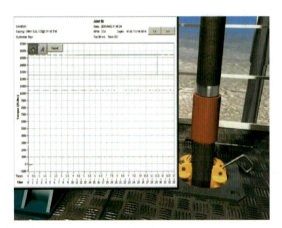

图 2-2-26 位移补偿装置及智能监控系统

2.2.6.2 产品特点

(1)技术优势。旋转下套管能显著提高下套管的成功率、作业效率并确保作业安全性,在油田下套管作业中尤其是在套管下入困难的大位移井和水平井的下套管作业中具有明显优势。旋转下套管主要技术优势在于：①通过智能监控系统对上扣扭矩的精确控制，提高下套管的作业质量；②通过液压或机械驱动，可实现下套管自动化，降低劳动强度；③与传统下套管作业相比，无需液压套管钳等传统设备，减少作业人员和综合成本；④在下放套管时可同时旋转和循环，降低了摩阻，提高了下套管作业的成功率；⑤具有安全、高效的特点。

（2）适用条件。旋转下套管在套管抗扭等性能满足使用要求的前提下，对后效显示活跃、井壁稳定性差、起下钻摩阻大、轨迹复杂等特殊井套管下入具有较好的适应性。具体包括：①钻进过程中全烃值高、油气上窜速度快，存在溢流风险的井；②钻进过程中井壁稳定性差，存在垮塌风险的井；③井眼轨迹复杂、钻井液固相含量高、水平段长，存在套管下入摩阻大或者套管下入困难的井。

2.3 油基钻井液顶替关键技术

有效驱替钻井液，提高注水泥的顶替效率是清除钻井液窜槽、保证水泥胶结质量和水泥环密封效果的基本前提。在现场的实践过程中总结出 3 个方面的有效措施，主要体现在：①套管居中度高；②入井流体性能要求好；③合理的浆柱结构与施工参数设计。

2.3.1 套管居中

研究表明，套管居中度≥67%，顶替效率才能保证，而水平段、斜井段套管紧贴井壁难以居中，重力的作用下会使套管偏心严重，居中度差，液体在环空流动时宽边处易于流动，导致窄边处的虚泥饼不易被清洗，顶替效率低，水泥浆不能有效充填，影响固井胶结质量；在顶替过程中，钻井液易沿宽边推进，其与水泥浆混窜，造成窜槽；同时，大肚子、糖葫芦等不规则井眼严重影响顶替效率。

利用软件合理设计扶正器安放型号和数量可使套管顺利下入和居中。经计算，表层套管和技术套管采用常规弹性扶正器、刚性扶正器，技术套管底部 500m 井段采用弹性扶正器与刚性扶正器交替安放；生产套管采用整体式弹性扶正器、刚性树脂扶正器、滚珠扶正器组合安放。

2.3.2 入井流体性能

入井流体贯穿了井眼准备、下套管、固井等整个过程中，其性能好坏直接关系到油基钻井液环境下固井顶替效率，主要包括油基钻井液、前置液、水泥浆和顶替液 4 个方面。

油基钻井液需具有良好的流变性能、黏度低、固相含量低，其中涪陵地区钻井液马氏漏斗黏度小于 50s，动切力小于 9Pa，固相含量小于 23%，利于前置液冲刷油基泥饼，同时保证油基钻井液与前置液、水泥浆混合相的流动性能。前置液是高效冲刷油基泥饼的关键技术之一，需具有优质的润湿反转、渗透性、稳定性、相容性，油基钻井液清洗效率应大于 90%，沉降稳定性小于 $0.02g/cm^3$，同时能够在固井施工中快速渗透油基泥饼达到高效润湿反转，尤其是复兴地区页岩气井产层黏土矿物含量高、油基钻井液固相含量难以控制、形成的油基滤饼厚（固相含量大于 40%、油基泥饼 3mm），常规的前置液难以高效冲刷油基泥饼。

2.3.3 浆柱结构与施工参数

合理的浆柱结构与施工参数设计是提高油基钻井液顶替效率的关键技术之一,主要体现在前置液与水泥浆密度设计、固井施工排量确认。

在保证环空液柱压力低于地层承压能力的前提下,水泥浆与钻井液具有一定的密度差,有利于提高固井顶替效率,一般情况下,要求水泥浆与钻井液的密度差大于 0.24g/cm³,特殊情况下大于 0.05g/cm³,实际情况根据地层承压能力、完钻钻井液密度等进行设计。固井液泵注与顶替施工排量直接关系到环空顶替效率,通过室内采用清洗效率评价方法模拟不同施工排量条件下清洗效率,结合实际施工允许排量在六速旋转黏度计转筒转速 300r/min、清洗时间 10min 条件下清洗效率最高,所对应的施工排量为 0.94m³/min(实际 1.4~1.5m³/min)(表 2-3-1,图 2-3-1)。

表 2-3-1 不同转速对应的施工排量表

转速/(r·min⁻¹)	线速度/环空返速/(m·s⁻¹)	对应排量/(m³·min⁻¹)
200	0.418 9	0.63
300	0.628 3	0.94
600	1.256 6	1.89

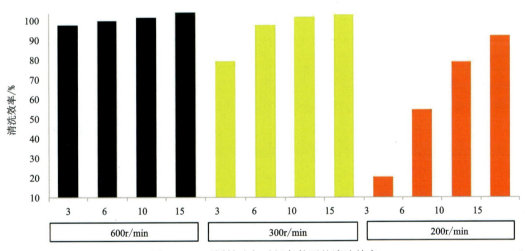

图 2-3-1 不同转速与时间条件下的清洗效率

2.4 低承压漏失井固井技术

随着川东南常压页岩气勘探开发进入加密井和立体开发阶段,受压裂、采气对地层压力的影响,漏失井数量不断增多,2021 年各区块总计漏失井、承压能力不足井数量占比达到 20%以上,部分区块占比更是达到 60%以上。面对日益增多的低承压漏失井,通过固井前堵漏提承压、防漏前置液、高强低密度防漏水泥浆、近平衡压力固井、顶部注水泥固井、泡沫水泥固井、简易控压固井等技术的不断优化,形成了一套成熟的低承压漏失井固井工艺,保障了固井施工安全和工程质量。

2.4.1 固井前堵漏提承压

通过川东南区块龙马溪组岩性分析以及堵漏实践统计,龙马溪组页岩漏失类型多为裂缝-微裂缝型和断层诱导型,具有漏点多、安全窗口窄的特点,常规堵漏材料由于粒径较大只能起到临时封门作用,无法深入孔道和裂隙深处,固井施工冲洗后极易造成复漏。针对堵漏提承压采取以下措施:①在钻井过程中优选材料,坚持"从细到粗、从小到大"的多级堵漏原则,坚持"防漏为主、防堵结合"的观点,为提升固井质量提供条件。②完钻后,通过循环清洗去除"假堵"现象,对井眼采取逐步提承压措施,如有必要,先用细颗粒、后用粗颗粒堵漏材料提承压,直到满足固井施工要求。

2.4.2 防漏前置液

针对目前不断增多的低承压漏失井,从强化冲洗液的封堵能力角度出发,承包商开发出新型防漏高效前置液体系,用以解决前置液冲刷油基泥饼和提高井眼承压能力的矛盾。

材料选型上优选1200目、325目、120目3种不同粒径重晶石复配形成加重材料,3mm和6mm堵漏纤维复配作为防漏纤维,配套高性能驱油清洗液,形成高性能驱油防漏加重前置液体系。该体系加重材料通过三级颗粒级复配,流动性上优于单一粒径,常规排量下可实现紊流顶替,长短纤维在壁面裂缝处架桥形成立体封堵网架结构,加重材料逐级填充,进一步提高了防漏性能,保证顶替效率的同时也降低了漏失风险。

2.4.3 高强低密度防漏水泥浆

降低水泥浆环空液柱压力是降低漏失风险最直接的方法,根据川东南常压页岩气井筒承压能力和完钻钻井液密度,形成了密度 1.40～1.65g/cm³ 高强低密度防漏水泥浆体系。低密度防漏水泥浆经过低承压井段时,纤维与水泥颗粒协同作用,长短不一的纤维交织成三维网络状结构,封堵微裂缝和微孔隙喉道,不同粒径的水泥及固体添加剂颗粒形成颗粒级配,附着在纤维网络上,逐渐充填整个裂缝通道,提高井眼承压能力,阻止水泥浆的进一步漏失,保证固井水泥浆返高达到设计要求;另外低密度水泥浆中加入早强剂、增强剂等外加剂,以提高早期静胶凝强度,而后期抗压强度的外加剂可降低环空气窜风险。

浆柱结构上,根据川东南常压页岩气井固井施工工况及后期开发环空带压情况,设计双凝、多凝双密度浆柱结构,设计技术套管鞋以上 600m 至设计返高井段为低密度领浆段,领浆密度不低于完钻钻井液密度 0.05g/cm³,保证压稳、防漏的同时降低了环空气窜的风险。

2.4.4 近平衡压力固井

近平衡压力固井技术是根据施工安全窗口密度范围,优化固井注替各阶段施工排量,实现动态井底压力控制,达到压稳气层但不压漏地层、提高固井质量的目的。近平衡压力固井遵循平衡压力固井原则,通过调整排量降低流动摩阻,使动态井底压力控制在地层压力和破裂压力之间,保证施工过程中动态压稳和防漏。

近平衡压力固井设计思路主要根据施工排量的调节来控制动态井底压力,达到防漏的目的。该工艺首先根据钻井液密度梯度设计前置液和水泥浆密度,再根据钻井液、前置液和水泥浆性能进行顶替效率模拟,选取裸眼段顶替效率大于90%的施工排量作为设计排量,计算固井最大施工动态井底压力,确定控压范围;施工中根据压力变化调整注替排量,控制动态井底压力在破裂压力和地层压力之间,直至施工结束(图2-4-1)。

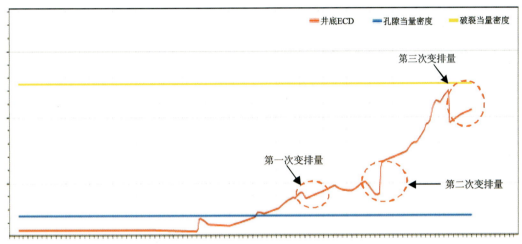

图 2-4-1　近平衡压力固井示意图

2.4.5　顶部注水泥固井

针对页岩气水平段钻进过程中出现的恶性漏失,由于油基泥浆堵漏手段有限、成功率低,造成固井时地层承压能力严重不足,给固井施工带来了很大的挑战。针对此类恶性漏失复杂井况,为避免固井作业过程中出现严重漏失,采用水力扩张式封隔器封隔底部漏失井段,憋压打开分级箍建立循环,保证分级箍以上井段的有效封固。

2.4.6　泡沫水泥浆固井

泡沫水泥浆是在水泥浆中混入一定比例的气体形成泡沫水泥浆,以降低水泥浆的密度。由于泡沫水泥浆具有密度低、强度高、失水低、防窜性能好等特点,多年来在国外得到了广泛的应用,它不仅适用于一般低压易漏地层,还适用于气层封固。目前,泡沫水泥浆的制备方法主要有两种,即机械充气法和化学发气法。中石化石油工程研究院研发了机械充氮泡沫水泥浆固井设备,氮气泡沫水泥浆固井工艺技术开始在涪陵页岩气田、东胜气田推广使用,并取得了较好的效果。详情介绍请见第三章3.6节。

2.5　固井水泥环完整性关键技术

水泥环密封完整性是固井工程的核心问题,维持水泥环封固系统完整性的难题贯穿着整个油气井的生命周期(许明标等,2011,2014;张国仿等,2002,2014;游云武,2015;何吉标,2017)。大型分段水力压裂对井筒产生循环载荷作用,水泥石韧性不足极易产生破损,严重影响了水泥环封固系统的密封性,造成套管环空带压问题突出。随着页岩气井开发后期的产能衰减,二次增产等措施亦会对井筒水泥环造成一定的破坏作用。此外,井底温压、酸碱环境的改变,都会影响水泥环的密封完整性。对于页岩气井而言,井筒水泥环的力学完整性是当前关注的焦点,因此本章节重点介绍页岩气井大型水力压裂对井筒水泥环完整性的影响及相应预控技术。

2.5.1 水泥环等效受力分析

2.5.1.1 两层套管及水泥环的等效应力计算

从理论上讲,带水泥环的套管柱其强度可按 2 种不同材料组合的厚壁圆筒来分析。从水泥环套管双层组合结构在井口附近的实际工作状态考虑,其应属于平面应变状态,几何示意图见图 2-5-1。

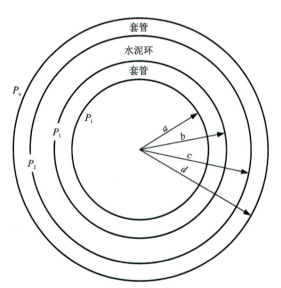

图 2-5-1 两层套管几何示意图

假设 a,b,c,d 分别为第一层套管内半径、外半径和第二层套管内半径和外半径,且 $t_s = \dfrac{b}{a}$,$t_c = \dfrac{c}{b}$,$t_d = \dfrac{d}{c}$;E_c、E_s 分别为水泥和钢材的弹性模量;c、s 分别为水泥和钢材的泊松比;P_i、P_1、P_2 和 P_o 分别为第一层套管的内压力、外挤力和第二层套管的内压力和外挤力。第一层套管径向变形 u_r^s 为

$$u_r^s = \frac{1-\mu_s}{E_s}\frac{a^2 P_i - b^2 P_1}{b^2 - a^2} r + \frac{1+\mu_s}{E_s}\frac{a^2 b^2 (P_i - P_1)}{b^2 - a^2}\frac{1}{r} \quad (2\text{-}5\text{-}1)$$

水泥环径向变形为

$$u_r^c = \frac{1-\mu_c}{E_c}\frac{b^2 P_1 - c^2 P_2}{c^2 - b^2} r + \frac{1+\mu_c}{E_c}\frac{b^2 c^2 (P_1 - P_2)}{c^2 - b^2}\frac{1}{r} \quad (2\text{-}5\text{-}2)$$

第二层套管径向变形为

$$u_r^d = \frac{1-\mu_s}{E_s}\frac{c^2 P_2 - d^2 P_o}{d^2 - c^2}r + \frac{1+\mu_s}{E_s}\frac{d^2 c^2 (P_2 - P_o)}{d^2 - c^2}\frac{1}{r} \qquad (2\text{-}5\text{-}3)$$

将 $r=b$ 代入式(2-5-1)和式(2-5-2),令二者相等;将 $r=c$ 代入式(2-5-2)和式(2-5-3),令二者相等,得关于 P_1 和 P_2 的方程组,其中 P_i 和 P_o 为已知,求解可得 P_1 和 P_2 的值。

径向与切向应力方程为

$$\left.\begin{array}{l} \sigma_r^s = \dfrac{\mu_s E_s}{(1+\mu_s)(1-2\mu_s)}\left(\dfrac{du_r^s}{dr}+\dfrac{u_r^s}{r}\right)+\dfrac{E_s}{1+\mu_s}\dfrac{du_r^s}{dr} \\[2mm] \sigma_\theta^s = \dfrac{\mu_s E_s}{(1+\mu_s)(1-2\mu_s)}\left(\dfrac{du_r^s}{dr}+\dfrac{u_r^s}{r}\right)+\dfrac{E_s}{1-\mu_s}\dfrac{u_r^s}{r} \end{array}\right\} \qquad (2\text{-}5\text{-}4)$$

根据边界条件

$r=a$ 时,$\sigma_r^s = -P_i$

$r=b$ 时,$\sigma_r^s = -P_1$

可得内层套管的应力方程

$$\left.\begin{array}{l} \sigma_r^s = \dfrac{a^2 b^2 (P_1 - P_i)}{b^2 - a^2}\dfrac{1}{r^2} + \dfrac{a^2 P_i - b^2 P_1}{b^2 - a^2} \\[2mm] \sigma_\theta^s = -\dfrac{a^2 b^2 (P_1 - P_i)}{b^2 - a^2}\dfrac{1}{r^2} + \dfrac{a^2 P_i - b^2 P_1}{b^2 - a^2} \\[2mm] \sigma_z^s = \mu(\sigma_r^s + \sigma_\theta^s) \end{array}\right\} \qquad (2\text{-}5\text{-}5)$$

式中,σ_θ^s 为套管的切向应力。在内壁,$r=a$ 时,应力最大,相应的 Von Mises 等效应力为

$$\sigma_m = \sqrt{\frac{1}{2}\left[(\sigma_\theta^s - \sigma_r^s)^2 + (\sigma_\theta^s - \sigma_z^s)^2 + (\sigma_z^s - \sigma_r^s)^2\right]} \qquad (2\text{-}5\text{-}6)$$

如果

$$\sigma_m \leqslant \frac{\sigma_s}{n} \qquad (2\text{-}5\text{-}7)$$

则套管安全。式中 σ_s 为屈服应力,n 为安全系数。

2.5.1.2 水泥环等效应力分析

水泥环等效应力分析是指为套管环空带压成因分析和水泥浆体系设计提供指导,其影响因素主要有以下 3 个方面。

(1)井筒外加载荷的影响。在不同的施工阶段,井筒所受的外加载荷不同,以分段压裂最为明显,存在着 0～90MPa 范围内的外加载荷变化,对水泥环密封完整性提出了严峻的挑战。通过设定水泥石的力学参数(弹性模量 7.42GPa,泊松比 0.19),分别将 30MPa、50MPa、70MPa、90MPa 的外加载荷代入计算公式,得出套管和水泥环所受到的等效应力,见图 2-5-2。

由图 2-5-2 可知,套管所受应力均小于套管屈服应力(P110 套管屈服应力 750MPa,TP110T 套管屈服应力 900MPa),满足套管安全要求,水泥环所受压应力均小于常规水泥浆体系抗压强度(30MPa),而水泥环所受拉应力大于常规水泥浆体系的抗拉强度(4MPa),水泥环可能开裂。随着井筒施加载荷的增大,套管所受的等效应力增大,水泥环所受到的压应力

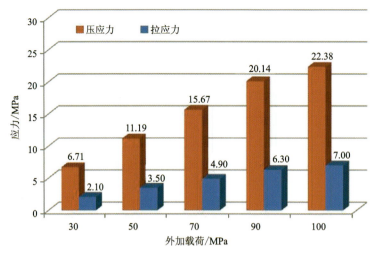

图 2-5-2　外加载荷对水泥环等效应力的影响

和拉应力也逐渐增大,因此井筒载荷越大越不利于井筒水泥环的完整性。

(2)水泥石弹性模量的影响。在安全评价取极值的原则下,设定外加载荷为 90MPa,通过改变水泥石的弹性模量(设定泊松比为 0.20)进行等效应力分析,得出套管和水泥环所受到的等效应力,见图 2-5-3。

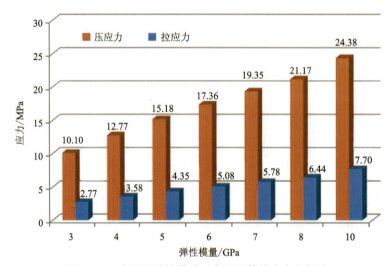

图 2-5-3　水泥石弹性模量对水泥环等效应力的影响

由图 2-5-3 可知,水泥石弹性模量对水泥环等效应力影响很大,随着弹性模量的增大,套管所受应力降低,水泥环所受的压应力和拉应力均增大,水泥环破坏风险越大。因此,低弹性模量有利于改善井筒水泥环的完整性。

(3)水泥石泊松比的影响。在安全评价取极值的原则下,设定外加载荷为 90MPa,通过改变水泥石的泊松比(设定弹性模量为 8GPa)进行等效应力分析,得出套管和水泥环所受到的等效应力,见图 2-5-4。

由图 2-5-4 可知,水泥石泊松比对水泥环等效应力影响有限,随着泊松比的增大,套管所

2 页岩气固井关键技术

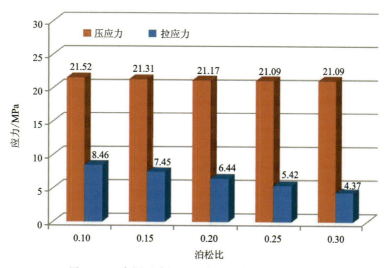

图 2-5-4 水泥石泊松比对水泥环等效应力的影响

受应力和水泥环所受的压应力基本不变,而拉应力显著减小。因此,高泊松比有利于改善井筒水泥环的完整性。

因此井筒载荷越小、水泥石弹性模量越低、泊松比越大,水泥环所受等效应力越小,越有利于改善井筒水泥环的完整性。

2.5.2 水泥环完整性失效预防

2.5.2.1 弹韧性水泥浆技术

国外页岩气大都采用水平井分段压裂技术进行开发,然而页岩气井大型分段压裂对水泥环会造成破坏作用:一是水泥环与套管的弹性和变形能力存在较大差异,当受到由压裂产生的动态冲击载荷作用时,水泥环受到较大的内压力和冲击力,引起水泥环径向开裂;二是当压裂作业的冲击作用大于水泥石的破碎吸收能时,水泥环会破碎,将直接影响页岩气的开采效率。因此,页岩气固井不仅要求水泥环有一定的强度,而且还要具备较好的抗冲击能力和耐久性。涪陵工区、南川地区、宜昌地区及红星地区在页岩气水平井中广泛采用了胶乳水泥浆和抗高交变载荷水泥浆体系,在应对水力压裂方面取得了较好的现场应用效果,详细介绍请见第四章4.4节。

2.5.2.2 自修复水泥浆技术

针对气井生产过程中出现的套管环空带压问题,从解决窜流通道的角度出发,中石化提出了自修复水泥浆体系,其主要作用机理包括渗透结晶、热熔、胶囊包裹。该体系可在水泥环出现微裂缝、微环隙时无需地面人工干预,水泥石中的自修复材料会自动响应修复微裂缝,恢复水泥环密封完整性,对保证页岩气井水泥环完整性具有重要意义,详细介绍请见第四章4.2节。

2.5.2.3 预应力固井工艺技术

预应力固井工艺技术主要通过增大套管压缩预应力,套管收缩产生弹性变形弥补水泥石凝固收缩产生的微间隙,增强地层-水泥环-套管紧密结合度,有效预防微间隙的产生,保证井筒完整性,通过清水顶替与套管环空加回压的方式实现。详细介绍请见第三章3.3节。

2.5.3 水泥环及套管完整性失效治理

2.5.3.1 树脂堵漏技术

由于环氧树脂型堵剂封堵能力强,抗水稀释,固化后堵剂具有高强度、高韧性、耐腐蚀、低收缩和稳定周期长的特性,可以注入地层大裂缝孔道,在地层温压条件和固化剂的作用下固化,形成环形屏障,防止井底流体泄漏,保障井筒密封完整性,适用于环空封隔、套管修复、环空带压修复、封水封气、弃井。哈里伯顿(Halliburton)公司的 WellLock® 树脂稠化时间可调、流变性优异、可穿透 $100\mu m$ 级孔隙,具有抗化学腐蚀、高强度、高塑性的特性。

2.5.3.2 超细高强堵漏水泥浆技术

以超细水泥为主要胶凝材料,以纳米级二氧化硅、纳米级三氧化二铝、微米级硅酸钙、微米级粉煤灰等为辅助材料,通过粒径级配技术显著提升水泥石致密性和力学强度,能够有助于解决套管挤压变形、误射孔等施工作业导致井筒密封性失效难题。

2.5.3.3 套管丝扣堵漏技术

基于可变形分散凝胶材料复配刚性颗粒和纤维的套管丝扣堵漏液,能有效封堵 1mm 以下套管裂缝,封堵修复后井筒承压能力高(最高达 110MPa),能够实现盲堵,不需要确定漏点具体位置,减少找漏施工作业程序,能够解决套管丝扣漏失导致的井筒密封完整性失效难题。

3 YEYANQI

页岩气固井工艺

国内页岩气上产区块主要集中在四川盆地及边缘,受地质因素影响,表层须家河、雷口坡、嘉陵江组溶洞、裂缝发育,漏失严重;浅层茅口组、栖霞组浅层气发育,韩家店组地层承压能力薄弱,技术套管固井施工存在漏喷同存的复杂问题,以及产层存在气层活跃、井筒承压能力不足、施工安全压力窗口窄等难题。针对页岩气井各层次固井难点,经过不断的探索和试验,除常规固井工艺以外,形成了满足表层、技套套管漏失井的干法固井工艺、正注反挤固井工艺,满足页岩气井产层长效封固的预应力固井工艺、高温高压高密度固井工艺、长水平段固井工艺,解决低承压漏失井的泡沫水泥浆固井工艺、顶部注水泥固井工艺,以及适应页岩气田重复开采的二次完井固井工艺,有效保障了页岩气固井施工安全和质量,为页岩气田高效安全开采提供了良好的井筒条件。

3.1 干法固井工艺

为应对上部溶洞、裂缝性地层安全高效钻进,常采用空气钻、泡沫钻等一类新钻井工艺,对应这类新钻井工艺开发出适合固井需求的干法固井工艺。

干法固井工艺是指在空气钻、泡沫钻完钻后的干井筒中直接下入套管,进行注水泥作业的一种固井工艺。由于该工艺采用空气或泡沫完钻,井筒不存在液态流体,界面胶结质量较好;但井下漏失、缩径、垮塌等复杂情况不明,难以针对性做出应对措施。因此,干法固井工艺不是一种单一的固井工艺,而是一种涉及常规固井、平衡固井、环空灌注固井等多种固井工艺的组合工艺。

3.1.1 工艺特点

干法固井井筒内介质为空气或泡沫,其工艺具有以下特点:①井筒内无液态钻井液,注替过程中不会发生混浆、窜槽等现象,也不存在界面泥饼冲洗效率问题,有利于提高固井质量;②施工中不存在流动摩阻,泵压低,水泥浆容易泵送;③采用分段注水泥方式,降低了环空液柱压力,减小了漏失风险;④无液态钻井液和混浆返出,有利于井场环保。

3.1.2 干法固井难点

相较于常规固井工艺,在以空气或泡沫为介质的井筒内进行干法固井主要存在以下问题。

(1)套管下入困难。干井筒下套管,由于没有钻井液润滑作用,摩擦阻力较大,套管安全下入风险较大。

(2)井筒稳定性难以保证。固井水泥浆失水容易破坏水敏性泥岩、膏岩地层,造成井壁失稳从而导致井壁剥落、垮塌,引起井下故障。

(3)环空憋堵风险大。一方面套管接箍和扶正器对井壁的刮擦,形成的掉块容易造成环空憋堵;另一方面水泥浆携岩能力强,环空中的沉砂掉块容易被携带聚集,造成环空憋堵。

(4)井漏风险大。钻井采用空气钻或泡沫钻完井,井壁原始裂缝、孔隙难以在钻进过程中表现出来,井筒漏点、漏速及承压能力等情况不明,施工过程漏失风险高,管鞋位置封固质量难以保证。

(5) 环空气体难以排出,影响水泥石性能。干法固井从环空灌注水泥浆,环空气体被水泥浆压持在环空,气体进入水泥浆后容易使水泥浆形成大量的空洞,影响水泥石性能。

(6) 泥浆性能难以保证。气体条件下干燥井壁吸水性能较好,水泥浆滤失量增加,影响水泥浆性能。

(7) 环空灌注过程中必须严格控制管内外压差,防止管外液柱压力过大挤毁套管。

(8) 套管环空反灌时,若水泥浆液柱压力超过地层承压能力,地层会发生漏失或破裂。

3.1.3 关键工艺措施

为保证干法固井井下安全及固井质量,主要采取以下工艺措施。

(1) 下套管前采用刚性强于套管串的钻具组合彻底通井,对缩径、摩阻较大井段进行充分扩划眼,减小套管下入风险。

(2) 裸眼段安放弹性或树脂等对井壁伤害小的扶正器,一方面保证套管居中,另一方面减小扶正器和套管接箍对井壁的刮擦,避免产生掉块堵塞环空。

(3) 下完套管后一方面用纯空气、雾化气体或泡沫大排量充分循环,彻底清洁井眼,降低沉砂掉块憋堵环空的风险,另一方面提前润湿井壁,防止水泥浆进入环空快速失水,造成环空憋堵。

(4) 采用浮箍浮鞋碰压或开井候凝的方式,利用"U"形管原理保证管鞋位置封固质量。

(5) 采用间歇灌注的方式,尽量排尽环空气体,保证水泥石质量。

(6) 纯空气钻井时,使用流变性良好且滤失量适当大(根据地层岩性)的先导水泥浆,提前润湿井壁,防止先导浆严重失水后造成环空憋堵,并减小后续水泥浆滤失,稳定水泥浆性能。

(7) 环空灌注采用管外注水泥和管内注清水或钻井液方式,保证管内外压差不挤毁套管,管内泵入液体排量根据环空灌注排量决定,保证环空与管内液体上返速率一致。

3.1.4 施工工艺流程

根据地层承压能力,干法固井常用"正注反灌"施工流程或正注施工流程。地层承压能力高,采用常规正注施工流程,但水泥浆易受套管内空气入侵;地层承压能力低采用"正注反灌"施工流程,见表3-1-1。

表3-1-1 干法固井施工工艺流程表

序号	施工内容
1	水泥车及管线试压
2	套管内正灌 3～5m^3 密度 1.60～1.75g/cm^3 流变性好且滤失量适当大的水泥浆
3	套管内正灌常规密度水泥基(套管内水泥塞段长 30～50m)
4	候凝至套管内水泥浆初凝(环空反灌水泥浆时不倒流)

续表 3-1-1

序号	施工内容
5	套管环空反灌常规密度水泥浆,每次封固段长不超过地层承压能力及套管抗挤强度,地层承压能力不足时应减少灌入量,套管抗挤强度不足时套管内应正注钻井液(清水)
6	候凝至上一次所反灌水泥浆至初凝
7	继续间断反灌水泥浆,直至灌至井口环空

3.1.5 现场应用实践

干法固井工艺目前主要应用于存在恶性漏失并采用空气钻或泡沫钻完钻的表层、技套固井,对比邻井采用常规固井工艺固井,干法固井工艺固井优质率高出6%以上(表 3-1-2)。

表 3-1-2 干法固井应用效果　　　　　　单位:%

区块	井号	固井工艺	一界面固井优质率	二界面固井优质率	综合固井优质率
复兴区块	涪页 XXHF	干法固井	86.3	84.3	85.4
	兴页 XX-2HF	干法固井	89.6	86.6	88.5
	兴页 XX-1HF	双凝双密度	80.0	78.7	79.1
宜昌区块	宜志页 X1HF	干法固井	90.3	89.4	90.0
	宜志页 X2HF	双凝双密度	82.5	81.0	81.6

以下以兴页 XX-2HF 井 244.5mm 技套固井为例,做详细介绍。

1)基础数据

兴页 XX-2HF 井是涪陵页岩气田的一口勘探评价井,二开设计要求钻穿沙溪庙组中完,根据邻井经验,沙溪庙组漏失严重,遂采用空气钻钻至设计井深 2329m 中完,完钻井斜 28.84°,钻进过程中未发生井壁垮塌等井下复杂问题,下入 244.5mm 套管,采用干法固井工艺固井。

2)技术措施

(1)井眼准备。通过钻具强度校核,采用双扶通井钻具组合对缩径、不规则及摩阻较大井段进行充分扩划眼和修整井壁,保证套管安全下入,其钻具组合是:Φ311.2mm 空气锤+转换接头+Φ229mm 钻铤+转换接头+Φ203.2mm 钻铤×3 根+转换接头+钻杆。

通井过程采用分段循环方式,使用大排量空气充分携带岩屑,为下套管创造良好的井筒条件。

(2)扶正器设计。全井段采用弹性扶正器,保证井壁不规则井段套管顺利下入,其中裸眼段每 10 根 1 只整体式弹性扶正器,重叠段每 5 根 1 只整体式弹性扶正器,全井段共下入 25 只整体式弹性扶正器(表 3-1-3)。

表 3-1-3　兴页 XX-2HF 井技术套管扶正器安放参数表

井段/m	扶正器种类	扶正器尺寸	间距/m	数量/只
0～400	整体式弹性扶正器	Φ311.2mm×Φ244.5mm	55	7
400～2329	整体式弹性扶正器	Φ311.2mm×Φ244.5mm	110	18

（3）水泥浆体系设计。水泥浆采用先导水泥浆+常规水泥浆的组合。其中先导水泥浆控制密度 1.80g/cm^3，流动性良好，起到润湿造壁作用；常规水泥浆控制密度 1.88g/cm^3，保证套管鞋封固质量。

（4）固井施工工艺流程。正注先导水泥浆+常规水泥浆封固技套鞋以上 200m、候凝 24h 后，环空和套管内分批次间歇，以相同的速度吊灌水泥浆和钻井液，直至水泥浆返出井口（表 3-1-4）。

表 3-1-4　兴页 XX-2HF 井技术套管固井施工工艺流程参数表

顺序	操作内容	工作量/m^3	密度/(g·cm^{-3})	排量/(m^3·min^{-1})	压力/MPa	施工时间/min	累计时间/min
1	管汇通水						
2	正注先导水泥浆	4	1.80	1	0	4	4
3	正注常规水泥浆	7	1.88	1	0	7	11
开井候凝 24h 后，进行吊灌（以取样水泥浆候凝为准）							
1	接管线至井口						
2	环空间歇灌注水泥浆	80	1.88	0.5～0.8	0	112	112

备注：吊灌水泥浆同时，套管内以 0.5～0.8m^3/min 排量注入清水，水泥浆返出井口后，停泵观察井口水泥面，吊灌至水泥面无下沉，施工结束。候凝 48h 后测声幅。

3）应用效果及认识

兴页 XX-2HF 井技术套管干法固井施工顺利（图 3-1-1）。正注井段（2100～2329m）声幅质量优质，说明正注施工未发生漏失，技套鞋井段封固质量良好；环空灌注井段（0～2000m）声幅质量优质，说明反灌过程未发生漏失；2000～2100m 井段声幅质量较差，说明正注与反灌对接效果较差，主要原因是对接处水泥浆混掺较多气体，形成水泥石质量较差。由此可以看出，通过整体式弹性扶正器、先导水泥浆、间歇灌注和管内灌水等措施，保证了干井筒施工安全及固井质量，但仍需要优化工艺提高正注、反灌对接井段固井质量。

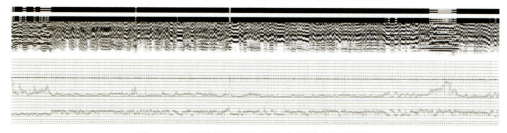

图 3-1-1　兴页 XX-2HF 井技术套管声幅质量图

3.2 正注反挤固井工艺

正注反挤固井工艺常用于承压能力低、漏失风险高的井筒固井施工。四川盆地页岩气井技术套管井筒承压能力低、封固段长、浅层气活跃，固井过程"漏喷同存"情况较多，一次上返过高容易压漏地层，造成水泥浆返高不够，同时漏失也会造成环空液柱压力降低，造成环空气窜风险，因此常采用正注反挤固井工艺保证表层和技术套管固井质量，为下开次钻进提供良好的井筒条件。正注反挤固井工艺分为"正注"常规固井和"反挤"环空挤注两个固井步骤，"正注"即从套管内注入设计量水泥浆，替浆至设计返高，"反挤"即从环空挤入水泥浆至两段水泥浆对接。

3.2.1 工艺特点

四川盆地多数页岩气井技术套管固井存在井筒承压能力低、浅层气较活跃等难题，正注反挤固井工艺相较于一次上返注水泥工艺，具有以下特点：

(1)正注水泥浆返高较低，降低了漏失风险。正注反挤水泥浆一般返至漏层或气层以上，相较于常规一次性返出地面，环空液柱压力大幅降低，减少了漏失风险。

(2)环空气窜风险小。常规一次上返注水泥漏失风险高，若注替过程中发生漏失，液柱压力无法压稳气层，存在浅层气窜入环空的风险，采用正注反挤一方面漏失风险小，气窜风险降低，另一方面反挤水泥浆从井口向下挤入，保持了对气层的压持，降低了气窜的风险。

(3)反挤顶替效率高，界面胶结质量好。反挤水泥浆重力和流动方向相同，提高了环空下行速度，有利于提高钻井液顶替效率和泥饼冲刷能力。

3.2.2 关键工艺措施

(1)正注反挤界面的选取。界面的选取原则以防漏和压稳气层为主，根据钻进过程漏失情况和油气显示，设计水泥浆返至漏层和气层以上200~300m，确保正注水泥浆可以同时覆盖漏层和气层。

(2)反挤方式。反挤水泥浆前先试挤清水3~4m³挤通漏层，为反挤留出通道，再根据井筒漏失情况选择不同反挤方式，对于漏失量小、漏点集中的井，采用一次性反挤方式，反挤水泥浆量按正注反挤界面上部环空容积附加10~20m³反挤；对于漏速较大、漏点分散、裸眼段较长的井，一次性反挤无法保证正注和反挤水泥环的连续性，采用间歇反挤的方式，每次挤入正注反挤界面上部环空总体积1/3的水泥浆，间隔10~20min再次挤入，直至水泥浆返至井口。

(3)反挤时间。对于漏点确定的井，正注后立即反挤，防止水泥浆凝固封堵反挤通道，憋开新漏点；对于漏点分散且漏点位置不明的井，候凝至正注水泥浆初凝再进行反挤，保证管鞋井段封固质量，同时避免液柱压力传递压漏管鞋处地层；另外对于浅层气较活跃的井，正注后立刻反挤，压稳气层防止环空气窜。

(4)水泥浆体系。正注水泥浆采用纤维防漏水泥浆体系，稠化时间控制在施工时间附加

40~60min 安全时间内,纤维防漏水泥浆有利于降低水泥浆在注替过程中的漏失,另外缩短稠化时间也有利于下部井段快速凝固,为反挤提供良好的井筒条件;反挤水泥浆采用常规水泥浆+速凝水泥浆的组合,利用常规水泥高滤失性,在漏失通道表面逐渐形成泥饼,堵塞漏失通道减少漏失,反挤常规水泥后再挤入200~300m环空容积的速凝水泥浆,迅速封固井口,防止浅层气窜入环空并聚集在井口造成套管环空带压的情况。

3.2.3 施工工艺流程

正注反挤施工工艺依据工艺特点、关键工艺措施要求需制定相应的工艺流程,具体见表3-2-1。

表3-2-1 正注反挤施工工艺流程表

序号	施工内容
1	通水冲洗管线,水泥车进行固井管线试压,稳压3min,检查管线是否存在刺漏
2	注前置液
3	水泥车混配并泵送常规水泥浆
4	倒闸门,释放套管胶塞
5	水泥车替压塞液4~5m³,保证水泥塞下行
6	水泥车双车大排量替清水或井队泥浆泵替钻井液。替浆期间安排专人观察并记录井口返浆情况,统计漏失量为后期反挤提供参考
7	预留1~2m³,水泥车以0.5~0.8m³/min小排量替清水至碰压
8	稳压10min套管试压,泄压检查浮箍、浮鞋的密封情况,记录回流量
9	候凝至正注水泥浆初凝进行反挤作业
10	反挤清水3~4m³,观察压力,压力发生明显下降,开始混配反挤水泥浆
11	根据反挤压力判断漏失情况,选择一次反挤或间歇反挤方式
12	反挤速凝水泥浆,冲洗套管头,关环空候凝。

3.2.4 现场应用实践

2015年后,正注反挤固井工艺作为页岩气井技术套管固井施工的主要工艺,在川东南常压页岩气井中应用超过300余井次,固井合格率100%,优质率85%以上(表3-2-2)。

表3-2-2 川东南各区块正注反挤固井质量统计表　　　　　　　　单位:%

区块	一界面固井质量	二界面固井质量	综合固井质量
焦石	92.6	90.5	91.4
白马	90.7	88.4	89.9
红星	88.2	84.6	85.2
南川	90.1	89.4	89.0

以下以焦页 XXHF 井 244.5mm 技术套管固井为例,作详细介绍。

1)基础数据

焦页 XXHF 井是涪陵页岩气田的一口生产调整井。二开茅口组钻遇浅层气,全烃值涨至 90.25%,钻井液密度由 1.23g/cm³ 提至 1.35g/cm³,全烃值达 40% 以上,钻进至韩家店组,发生失返性漏失,平均漏速 40m³/min,漏失后井筒发生气侵,关井节流循环,点火火焰高 5～7m,堵漏后继续钻至中完井深 2402m,下 244.5mm 套管采用正注反挤固井工艺。

2)技术措施

(1)正注设计。焦页 XXHF 井技术套管浅层气层位位于上部茅口组,漏失位置位于下部韩家店组,正注反挤界面设计在茅口组以上 200m,同时覆盖漏失层位和气侵层位,保证正注井段固井质量。

(2)反挤设计。由于焦页 XXHF 井浅层气较活跃,正注后立刻组织反挤,反挤先试挤清水形成反挤通道,采用间歇反挤方式分 3 批反挤水泥浆,水泥浆量按正注反挤界面以上环空容积附加 20m³,保证正注反挤水泥环对接完整。

(3)水泥浆设计。正注水泥浆体系采用液体纤维防漏水泥浆体系,稠化时间为施工时间附加 60min 安全时间;反挤采用常规水泥浆+速凝水泥浆组合,常规水泥浆滤失量 130mL,稠化时间 120～150min,速凝水泥浆稠化时间 30min。水泥浆性能实验数据如下(表 3-2-3)。

表 3-2-3　焦页 XXHF 井现场大样水泥浆性能实验数据统计表

水泥浆	密度/(g·cm⁻³)	自由水/%	流动度/cm	滤失量/mL	稠化时间/min	24h 抗压强度/MPa
纤维防漏水泥浆	1.88	0	22	48	204	20.6
常规水泥浆	1.88	0.3	24	130	137	18.0
速凝水泥浆	1.75	0.1	23	76	27	26.4

(4)施工工艺流程。焦页 XXHF 井技术套管正注反挤固井工艺施工流程如表 3-2-4。

表 3-2-4　焦页 XXHF 井 244.5mm 技术套管施工工艺流程参数表

顺序	工作内容	工作量/m³	密度/(g·cm⁻³)	排量/(m³·min⁻¹)	压力/MPa	施工时效/min	累计时间/min	累计替入量/m³
1	管汇试压				20			
2	注前置液	10.20	1.00	1.0～1.2	5.0	10	10	10.0
3	正注水泥浆	53.0	1.88	1.0～1.2	10↓3	53	63	63.0
4	压胶塞	4.0	1.00	1.0		4	67	67.0
5	替泥浆	86.0	1.35	2.0～2.2	2↑6	43	110	153.0
6	碰压	2.3	1.00	0.5	7↑12	5	115	155.3
7	碰压检查回流	—	—	—	—	2	117	—
8	关环空候凝 1h							

续表 3-2-4

顺序	工作内容	工作量/m³	密度/(g·cm⁻³)	排量/(m³·min⁻¹)	压力/MPa	施工时效/min	累计时间/min	累计替入量/m³
9	反挤水泥浆	42.0	1.90	1.0	分 3 次进行反挤,中间间隔 15min			
10	反挤速凝水泥 8m³							
11	关环空候凝							

3)应用效果及认识

完井测声幅质量如图 3-2-1,全井段声幅质量在 5%~10% 之间,正注段水泥与反挤段水泥形成了良好的对接,固井质量优质,结合川东南页岩气井技术套管固井质量统计,通过正注反挤设计,以及纤维防漏水泥浆、速凝水泥浆等水泥浆体系的应用,可以有效解决页岩气井技术套管"溢漏同存"井况下的固井难题。

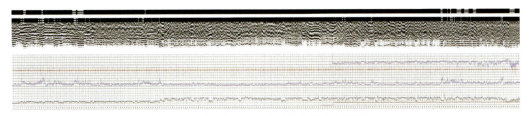

图 3-2-1　焦页 XXHF 井技术套管声幅质量图

3.3　预应力固井工艺

为避免页岩气井水泥石候凝过程中体积收缩,后期增产采收过程中套管内外压力变化、井筒温度变化等因素带来水泥环和套管之间的微间隙,造成环空带压的问题,应用弹性力学理论,综合地层和套管应力应变特性,提出预应力固井工艺,目前主要应用于产层套管固井施工(预应力固井工艺原理和井筒剖面示意图见图 3-3-1)。预应力固井工艺是环空水泥浆在形成水泥石过程中,通过增加套管内外压差,使得套管在候凝过程中处于挤压状态并产生向内的应变,压裂过程中水泥环发生向外的形变,但此时提前施加预应力的套管会抵消部分向外的形变,弥补水泥环收缩时留下的微裂隙,使得套管和水泥环之间始终保持紧密接触,避免产生微环隙,保持密封完整性。

3.3.1　工艺特点

页岩气固井采用的预应力固井工艺特点主要通过提前给套管施加预应力,平衡后期套管和水泥环之间的形变压差,其技术要点主要在套管金属的应力-应变特征(刘世彬等,2009;席岩等,2021)。

套管金属材料为弹性体,具有一定的应力-应变特征。给钢件施加应力,其应力-应变呈

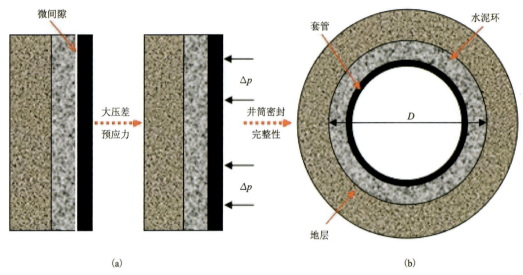

图 3-3-1　预应力固井工艺原理示意图(a)和井筒剖面示意图(b)

线性关系,解除应力后材料恢复其原始形态,称该过程为弹性形变;当继续给钢件施加应力,超出一定应变后,应力-应变不再呈线性关系,且解除应力后形变部分恢复,称该过程为塑性形变,应力-应变不再呈线性关系的起始点,称为屈服点(A 点)(图 3-3-2);继续给钢件施加应力,加至解除应力形变不再恢复,称该应力为钢件的极限强度,此时钢件结构已被破坏。因此预应力固井工艺需要考虑套管抗挤、抗内压能力,为预应力固井清水顶替和环空加压提供技术参考,防止压力过大,损伤套管。

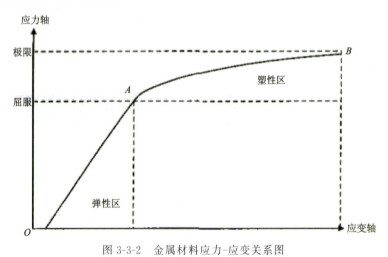

图 3-3-2　金属材料应力-应变关系图

3.3.2　关键工艺措施

3.3.2.1　清水顶替

预应力固井采用清水顶替取代了传统重浆顶替的替浆方式,增大套管压缩预应力,降低套管的膨胀收缩带来的微间隙,提高固井界面胶结质量。清水顶替相较于传统重浆顶替,需要注意以下几点:①清水顶替结束后,管内外压差较大,需要考虑套管抗挤能力和浮箍、浮鞋的反向承压级别,防止压差过大造成套管挤毁,浮箍、浮鞋失效的井下复杂情况发生;②由于油泥、水泥浆具有一定的黏壁特性,采用清水顶替难以保证套管内壁油泥、水泥浆被驱替干净,考虑清水顶替前压入一段后置液,冲洗干净套管内壁油泥和水泥浆,节省后期通刮洗工序;③清水顶替需要置换出大量钻井液,需要注意现场收容和安全环保问题。

3.3.2.2 环空加压候凝

预应力固井的另一道工序是固井顶替结束后:一方面通过井口向环空加一定压力,增加套管径向外挤力,提前施加预应力,防止后期水泥石体积收缩带来的微间隙;另一方面环空憋压,减少水泥浆失重引起的液柱压力损失,有利于气层的压稳。

环空加压压力设计主要根据候凝过程中水泥浆的失重引起的井底有效液柱压力损失决定。要求环空井底有效液柱压力(环空液柱压力值+环空加压值)大于气层压力,即气层压稳系数 F_{sur} 大于 1.000。

$$F_{sur} = \frac{p_{fc}}{p_{gf}} = \frac{p_{fc}}{\rho g H} \tag{3-3-1}$$

式中:F_{sur} 为气层压稳系数;p_{fc} 为最终环空液柱压力(MPa);p_{gf} 为气层压力(MPa);H 为气层深度(m);ρ 为钻井液密度(g/cm³)。

为压稳气层,上部水泥浆要持续压持下部水泥浆,因此设计时要求浆柱结构自下而上,静胶凝强度呈阶梯式发展。室内实验发现水泥浆静胶凝强度在 48~240Pa 时发生气窜的危险性最大,因此在水泥浆计算失重时,领浆取静胶凝强度 48Pa 采用经验公式计算,尾浆采用浮力公式计算,环空井底有效液柱压力=初始环空液柱压力-领浆失重压力损失-尾浆失重压力损失,计算公式如下:

$$p_{fc} = \frac{\rho_c(L_{c1} + L_{c2}) + \rho_m L_m}{100} - (p_{ls} + p_{ts}) \tag{3-3-2}$$

式中:p_{ls} 为领浆最大失重(MPa);p_{ts} 为尾浆最大失重(MPa);L_{c1} 为领浆长度(m);L_{c2} 为尾浆长度(m);L_m 为泥浆长度(m);ρ_c 为水泥浆密度(g/cm³);ρ_m 为泥浆密度(g/cm³)。

尾浆最大失重为

$$p_{ts} = \frac{\rho_c L_{c2} - 1.0 L_{c2}}{100} \tag{3-3-3}$$

领浆最大失重为:

$$p_{ls} = \frac{4 \times gel \times 0.001 \times L_{c1}}{D_h - D_p} \tag{3-3-4}$$

式中:gel 为水泥浆静胶凝强度(MPa);D_h 为井径(mm);D_p 为套管外径(mm)。

涪陵页岩气井环空加压,从最初的环空加压保持压稳系数大于 1.000,逐渐摸索试验至现在环空加压 20~25MPa,压力前环空带压率由最初 15.2% 降至 1.8%,压裂后环空带压率由最初 70.2% 下降至 8.8%(图 3-3-3),证明预应力固井可以有效预防页岩气井环空带压。

图 3-3-3　2015—2020 年涪陵页岩气井环空带压比例变化图(据路保平,2021)

3.3.3　施工工艺流程

清水顶替即替浆采用清水替换重浆顶替方式,通常用固井水泥车或压裂车进行顶替施工。

加压方式上,碰压放回水断流后,关半封闸板,注入清水逐步环空憋压至压稳气层(气层压稳系数大于 1.000),每次以 1MPa 为准,直至初压稳定;候凝至尾浆初凝,继续每次以 1MPa 为准加压,排量控制在 0.1m³/min,直至加压到设计压力值,记录憋入量(原则上憋入清水不超过 2m³),以稳压 30min 无压降为准,关环空憋压候凝。

3.3.4　现场应用实践

以 FX 区块 X1 井和 X2 井固井施工过程和固井质量进行对比说明。

3.3.4.1　基础数据

X1 井和 X2 井是 FX 区块两口预探井,位于四川盆地川东高陡褶皱带万县复向斜,均勘探评价自流井组东岳庙组页岩油气资源。其中 X1 井完钻井深 4751m,最大垂深 2886m,完钻钻井液密度 1.93g/cm³,全烃值 9.3%～57.6%;X2 井完钻井深 4193m,最大垂深 2453m,完钻钻井液密度 2.10g/cm³,全烃值 13.4%～99.99%。

3.3.4.2　施工过程

两井均采用大排量施工和"清水替浆＋环空加压"的预应力固井工艺施工。注固井前以 1.80m³/min 排量循环均匀后开始固井施工,注前置液排量 1.0m³/min,注水泥浆排量 1.6～1.7m³/min,清水替浆排量 1.5～1.6m³/min,碰压放回水断流后,进行环空加压,具体施工参数见表 3-3-1。

表 3-3-1　X1 井和 X2 井固井施工参数对比表

	X1 井		X2 井	
	排量/(m³·min⁻¹)	泵压/MPa	排量/(m³·min⁻¹)	泵压/MPa
循环	1.80	13.0	1.80	15.0
注前置液	1.00	11.0	1.00	9.0
注水泥	1.60	9.0↑16.0	1.70	8.0↑16.0
替浆	1.60	4.0↑32.0	1.50	3.0↑38.0
环空加压/MPa	5		25	

3.3.4.3　固井质量及认识

结合施工过程及声幅质量对比(图 3-3-4)可以看出,环空加压数值越大,水平段固井质量越好。环空加压越高,越有利于压力传递到水平段,持续压稳气层,防止环空气窜。目前预应力固井工艺已广泛应用于国内页岩气固井施工,获得了建设方和施工方的一致认可。

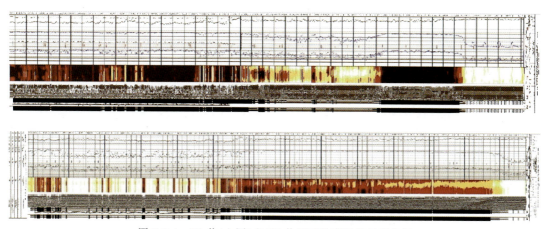

图 3-3-4　X1 井(上图)和 X2 井(下图)声幅质量对比图

3.4　高温高压高密度固井工艺

国内高温高压页岩气井主要集中于川南区块,川南页岩气主力气层龙马溪组埋深超过 3500m,地温梯度 3.0℃/100m,地层压力系数 2.00 以上,井底温度 110～150℃,压力在 70MPa 以上,是典型的高温高压油气藏,固井工艺具有高温、高压、高密度的特点。通过近年来的技术攻关及实践摸索,中石化已经形成了以高效顶替、高压气井压稳防窜和抗高温高密度水泥浆体系为代表的高温高压高密度固井工艺,目前已在川南高温高压高密度页岩气固井施工中被推广应用。

3.4.1　工艺特点

高温高压高密度页岩气固井相较于常压页岩气固井工艺,具有以下特点:①顶替效率难以保证。高密度钻井液由于它的固相含量较高,钻井液流动性较差和泥饼厚度较大,不利于提高环空顶替效率和泥饼冲洗效率。②高压气井油气活跃,固井施工和水泥浆候凝过程中容易发生气窜。③高密度水泥浆稳定性难以保障。高密度水泥浆常采用铁矿粉类加重材料加重,水泥浆密度越高,加重材料加量越大,水泥浆流动性、沉降稳定性等性能越差。④封固段顶、底温差大,顶部水泥石强度发展缓慢。以川南页岩气为例,地面与井底温差达100℃以上,高温缓凝剂在低温条件下表现出超缓凝状态,领浆地面温度条件下时常发生72h不凝现象,环空气窜风险较高。⑤高温条件下水泥石强度衰退较快。实验经验表明当温度超过110℃时,水泥石强度开始衰退,温度越高,强度衰退越快,水泥石强度衰退不利于水泥环长效封隔。

3.4.2　关键工艺措施

3.4.2.1　高效顶替措施

高效顶替措施如下。

(1)优化钻井液性能。下完套管后循环过程中调整钻井液性能,要求钻井液马氏漏斗黏度小于65s,动切力小于10Pa,塑性黏度50~55mPa.s。根据实际钻井液密度降低固相含量,并在固井前以大排量连续循环3周以上,保证钻井液性能均匀后固井。

(2)扶正器的选择和安放。扶正器选择扶正效果好的刚性扶正器和滚珠扶正器。扶正器排列方式上,大斜度井段、水平段及技套鞋以上300m均采用1根套管1只扶正器加密排列的方式,保证裸眼段套管居中;井口100m采用1根套管1只满眼刚性扶正器,保证井口套管居中;其他井段采用3根或5根套管1只扶正器,保证套管居中度大于70%。

(3)高效前置液体系。前置液采用"加重清洗液+冲洗液"的组合,清洗液设计密度高于固井前钻井液密度0.02g/cm³,减小钻井液与前置液混窜,保障顶替效率,材料采用多粒径复合重晶石粉或铁矿粉加重,保证前置液良好的流动性,并加入0.3%~0.5%堵漏纤维,对井筒微裂缝起到预封堵作用,防止水泥浆漏失;注完前置液后,再注入4~5m³密度1.02g/cm³冲洗液,提高虚泥饼冲刷效率,改善界面润湿性能。

(4)优选注替排量。固井注替排量根据井筒承压情况而定,在保证不压漏地层的前提下采用大排量施工,提高钻井液顶替效率和泥饼冲洗效率。

3.4.2.2　压稳防窜措施

1.优化浆柱结构设计

浆柱设计采用双凝或三凝浆柱结构,领浆密度高于完钻钻井液0.05g/cm³,段长设计进入技套鞋以上300m,并控制稠化时间长于中浆或尾浆40~60min,在保证中浆或尾浆失重条件下,领浆能持续压持下部浆柱防止地层流体窜入环空;尾浆采用常规密度防窜增韧水泥浆体系,稠化时间为施工时间附加60min安全时间,缩短尾浆稠化时间,减少尾浆候凝时间,降低水泥浆失重带来的气窜风险;对于垂深较深,上下温差较大的井,设计三凝浆柱结构,主力气层以上150~200m至领浆底部井段为中浆,稠化时间介于领、尾浆之间,使浆柱分段凝固,保证上部浆柱对下部浆柱持续压稳。

2. 环空憋压候凝

通过环空憋压候凝方式,弥补水泥浆失重带来的有效压力损失,保证气层压稳。环空憋压分环空预加压和环空加压两段进行,加压值根据浆柱结构、密度、井身结构等因素进行综合考虑,保证压稳而不压漏。

预加压加压值,以环空静液柱压力平衡地层压力为准,具体如下

$$p_{gf} \geq \left(\sum \rho_i \cdot l_i - \sum p_{si}\right) + \Delta p \tag{3-4-1}$$

式中:p_{gf}为地层压力(MPa);$\sum \rho_i \cdot l_i - \sum p_{si}$为井底有效液柱压力(MPa);$\rho_i$为各段水泥浆密度(g/cm³);$l_i$为各段水泥浆垂向段长(m);$p_{si}$为各段水泥浆失重压力(MPa);$\Delta p$为环空预加压值(MPa)。

环空最终加压值,以始终能平衡地层压力为依据,加压值介于环空预加压值与地层破裂压力值之间,保证压稳不要压漏地层。川南高压气井根据不断尝试,由最初环空加压10MPa,逐渐提升至目前20MPa,固井质量优质,环空带压率下降近30%。

3.4.2.3 高温高压高密度水泥浆体系

为满足高温高压页岩气固井需求,高温高压高密度固井水泥浆体系基本性能需求见表3-4-1。

表3-4-1 高温高压高密度固井水泥浆体系基本性能要求统计表

性能	要求
密度	根据气层压稳和提高顶替效率需求,领浆密度高于钻井液密度0.05g/cm³,水平段尾浆采用常规密度水泥浆
流动性	初始稠度小于25Bc,流动度20~23cm
失水性	领浆HTHP失水量控制小于100ml,自由水含量小于0.1%;尾浆HTHP失水量控制小于50ml,自由水含量为零,若设计中浆,中浆性能同领浆一致
沉降稳定性	领浆沉降稳定性小于0.04g/cm³,尾浆沉降稳定性小于0.02g/cm³
稠化时间	实验条件,温度根据井底实测温度取85%~95%系数;压力根据完钻钻井液密度和最大垂深计算;尾浆稠化时间根据尾浆施工时间附加60min安全时间,领浆根据尾浆稠化时间附加40~60min;若设计中浆,中浆稠化时间介于领、尾浆之间
抗压强度	养护条件温度取井底静止温度,压力20.7MPa,尾浆24h抗压强度大于14MPa,领浆要求常温条件下72h强度大于3.5MPa
防气窜性能	SPN值小于3.0
弹性模量	小于6.0GPa
其他性能	领浆与前置液、钻井液的污染,领浆与中浆、中浆与尾浆相容性实验满足施工要求

为解决高温高密度水泥浆流动性和稳定性较差、顶部强度发展缓慢、高温强度衰退等问题,优选复合加重剂、缓凝剂及配套外加剂、石英砂等材料,形成抗110~150℃,密度2.00~2.50g/cm³抗高温高密度水泥浆体系。

(1)复合加重剂优选。体系依据紧密堆积原理,优选多级粒径加重剂复配形成复合加重剂作为加重剂,根据不同加量调整水泥浆密度。相较于单一粒径加重剂,相同水泥浆密度条件下,加重剂所占空间更小,水泥浆流变性、稳定性更好。

(2)缓凝剂及配套外加剂优选。缓凝剂优选耐110~150℃、温敏性小的多元聚合物类型缓凝剂,保证稠化时间前提下,兼顾上部低温井段水泥石强度发展;同时优选抗高温降失水剂、防气窜剂、膨胀剂等外加剂,调整水泥浆沉降稳定性、防气窜性能、弹韧性等性能,满足气井水泥浆性能要求。

(3)石英砂的优化。实验表明石英砂或硅粉的添加,可以有效防止水泥石强度衰退,根据水泥浆实验,优化使用400~600目石英砂,加量在32%~35%之间,降低110~150℃温度条件下水泥石强度衰退。

表3-4-2、表3-4-3为川南区块常用高温高压高密度水泥浆体系性能。该体系在110℃和150℃条件下,流变性良好,HTHP失水量小于50mL,沉降稳定性小于0.02g/cm³,SPN值小于等于2.03,24h抗压强度大于22.1MPa,28d强度变化不大,渗透率(0.006~0.010)×10⁻³ μm³,满足高温高压高密度固井施工需求和水泥环的长效封隔。

表3-4-2 不同密度抗高温高密度水泥浆常规性能表(130℃)

水泥浆密度/ (g·cm⁻³)	加重剂加量/%	流变性		HTHP失水量/mL	沉降稳定性/ (g·cm⁻³)	1d/7d/14d/28d 抗压强度/MPa	渗透率/ (10⁻³ μm³)
		n值	K值				
2.00	6.7	0.798 3	0.486 5	44	0.010	22.1/22.3/22.6/22.4	0.010
2.10	16.7	0.874 1	0.391 2	33	0.010	23.9/24.0/24.2/24.2	0.009
2.20	26.7	0.683 3	0.425 6	40	0.015	24.7/24.5/25.4/25.0	0.007
2.30	50.0	0.761 5	0.462 5	39	0.014	24.4/24.8/25.4/25.3	0.010
2.40	77.8	0.639 6	0.483 7	45	0.018	24.7/24.9/25.1/25.3	0.008
2.50	81.7	0.712 9	0.496 3	48	0.020	25.0/25.1/25.4/25.6	0.006

表3-4-3 110℃和150℃条件下不同密度高温高压水泥浆性能表

水泥浆密度/ (g·cm⁻³)	温度/℃	流变性		HTHP失水量/mL	沉降稳定性/ (g·cm⁻³)	24h抗压强度/MPa	稠化时间/min	SPN值	弹性模量/GPa
		n值	K值						
2.00	110	0.798 3	0.486 5	44	0.010	22.1	189	1.67	6.78
	150	0.758 1	0.473 9	49	0.016	21.6	176	1.89	6.47

续表 3-4-3

水泥浆密度/ (g·cm^{-3})	温度/℃	流变性		HTHP失水量/mL	沉降稳定性/ (g·cm^{-3})	24h抗压强度/MPa	稠化时间/min	SPN值	弹性模量/GPa
		n 值	K 值						
2.30	110	0.6833	0.4256	40	0.015	25.7	168	2.03	5.93
	150	0.6615	0.4325	39	0.014	24.9	155	1.96	6.21
2.50	110	0.6396	0.4837	45	0.018	26.7	156	1.34	5.32
	150	0.7129	0.4963	48	0.020	27.0	135	1.55	5.60

3.4.3 现场应用实践

该工艺目前已在川南区块应用超过60余井次,固井优质率85%以上,以泸203HXX井139.7mm生产套管固井为例,作详细介绍。

1.基础数据

泸203HXX井是中石油西南油气田的一口开发水平井,完钻井深5630m,层位龙马溪组,垂深3607m,测井仪器测得井底温度135℃,钻井液密度2.24g/cm³。完钻循环过程中发生气侵,关井循环节流,点火火焰高度5~8m。针对本井井底温度高、气层活跃等问题,采用优化钻井液性能和高温高压高密度水泥浆体系,合理安放扶正器、三凝浆柱结构,优化施工排量等高温高压高密度固井工艺措施,完成该井固井施工,固井质量优质。

2.技术措施

1)钻井液性能调整

下完套管后通过大排量循环、离心机、稀释剂等方式调整钻井液性能,固井前钻井液性能调整至密度2.24g/cm³,黏度55s,屈服值9.0Pa,塑性黏度48mPa·s,钻井液固相含量44%,固井前以1.80m³/min排量循环三周固井。

2)扶正器安放

水平段至井斜30°井段每1根套管安放滚珠扶正器1只,井斜30°井段至技套鞋每3根套管安放刚性旋流扶正器1只,技套鞋内300m每1根套管安放刚性扶正器1只,技套重叠段每5根套管安放刚性扶正器1只,井口100m每1根套管安放满眼扶正器1只。使用软件模拟下套管居中度及摩阻,从图3-4-1可以看出,该扶正器选择及排列方式下,套管居中度80%,最大摩阻300kN,满足套管居中和安全下套管需求。泸203HXX井扶正器安放如表3-4-4。

表 3-4-4 泸203HXX井扶正器安放

井段/m	扶正器类型	扶正器型号	安放间距/m	数量/只	备注
20~100	刚性旋流	Φ214mm×Φ139.7mm	11	7	井口居中
100~2300	刚性旋流	Φ206mm×Φ139.7mm	55	40	重叠段
2300~2600	刚性旋流	Φ206mm×Φ139.7mm	11	27	技套鞋重叠300m
2600~3500	刚性旋流	Φ206mm×Φ139.7mm	33	27	造斜点30°

续表 3-4-4

井段/m	扶正器类型	扶正器型号	安放间距/m	数量/只	备注
3500～3830	滚珠旋流	Φ206mm×Φ139.7mm	11	30	30°井段-A 靶
3830～5627	滚珠旋流	Φ206mm×Φ139.7mm	11	163	A 靶-井底井段

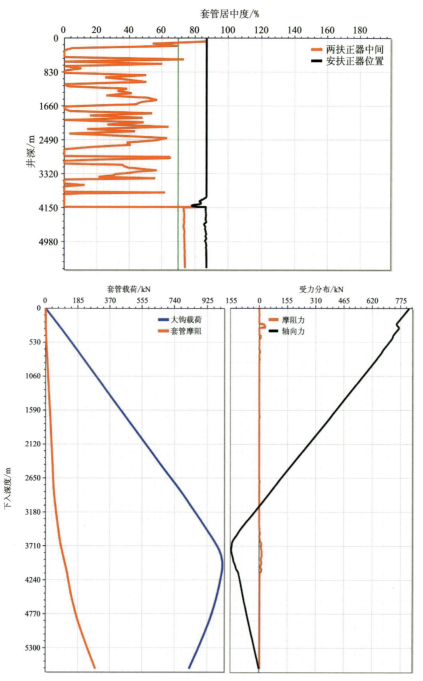

图 3-4-1　泸 203HXX 井套管居中度及套管摩阻模拟图

3)前置液体系

前置液体系采用"加重清洗液+驱油冲洗液"组合,加重前置液设计密度 2.26g/cm³,用量设计 30m³,加重剂采用 200~400 目不同粒径铁矿粉复配,加重清洗液马氏漏斗黏度 35s,同时清洗液中加入 0.5% 玻璃纤维,起到防漏和提高泥饼物理冲刷效果的作用;清洗液后注入 5m³ 密度 1.02g/cm³ 冲洗液,改善界面润湿反转效果。实验测得 7min 泥饼冲洗 100%,界面润湿反转效果良好,如图 3-4-2、图 3-4-3 所示。

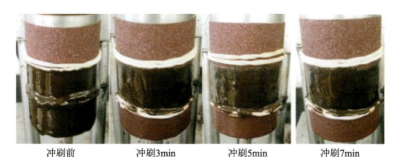

图 3-4-2　泸 203HXX 井泥饼冲洗实验效果图

图 3-4-3　泸 203HXX 井冲洗液界面润湿反转效果图

4)水泥浆性能

水泥浆采用三凝双密度浆柱结构,即采用"加重领浆+加重中浆+常规防窜尾浆"的三段制浆柱结构,各段浆柱水泥浆性能见表 3-4-5,稠化曲线如图 3-4-4 所示,水泥浆实验性能满足现场施工及 72h 强度发展要求。

表 3-4-5　泸 203HXX 井水泥浆性能统计表

项目	加重型防气窜领浆	加重型防气窜中浆	防气窜尾浆
密度/(g·cm⁻³)	2.30	2.30	1.90
API 失水量(109℃×6.9MPa×30min)/mL	40	38	20
初始稠度/Bc	14.1	10.5	1.8
流动度/cm	22	22	22
72h 顶/底抗压强度/MPa	18.7	22.0	22.3

续表 3-4-5

项目	加重型防气窜领浆	加重型防气窜中浆	防气窜尾浆
24h 抗压强度/MPa	0	14.60	21.20
100Bc 稠化时间/min	290	201	175
自由液/mL	0	0	0
沉降稳定性/(g·cm^{-3})	0.02	0.02	0
SPN 值	2.12	2.23	1.15

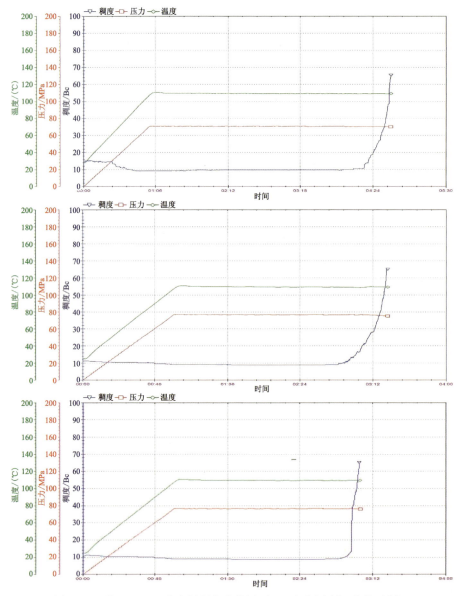

图 3-4-4　泸 203HXX 井水泥稠化曲线图（自上而下为领浆、中浆、尾浆）

5)固井施工工艺流程

固井前循环排量 1.90m³/min,循环 3 周未发生漏失,确定固井注替最大施工排量 1.70m³/min,具体施工流程见表 3-4-6。

表 3-4-6 泸 203HXX 井产层施工流程表

序号	操作内容	工作量/m³	密度/(g·cm⁻³)	排量/(m³·min⁻¹)	井口压力/MPa	水泥浆施工时间/min	累计时间/min
1	管汇试压				80		
2	软管线试压				40		
3	加重清洗液	30	2.26	1.2	16		
4	驱油冲洗液	5	1.05	1.0	16～18		
5	注加重领浆	60	2.30	1.5～1.7	24～28	38	38
6	注加重中浆	25	2.30	1.5～1.7	28～32	17	55
7	注常规尾浆	60	1.90	1.5～1.7	32～35	38	92
9	停泵下胶塞					5	97
10	压塞	4	1.00	1.0	18～22	4	101
11	清水替浆	52	1.00	1.5～1.7	33～52	33	134
12	碰压	2.5	1.00	0.5～0.8	52～57	5	139
13	放回水、检查回流						
14	冲洗四通、环空预加压 5MPa,候凝至尾浆初凝逐步加回压至 20MPa,关环空候凝						

3. 应用效果及认识

从固井质量评价图看(图 3-4-5),泸 203HXX 井固井质量优质,尾浆段声幅质量在 5% 左右,领浆、中浆井段声幅质量在 10% 左右,全井段 93.4% 井段质量评价为优。由此可以获得以下认识:①通过钻井液性能调整、套管居中、加重清洗液+冲洗液组合、大排量注替等提高顶替效率措施,提高了环空钻井液顶替效率和泥饼冲洗效率,为界面胶结质量提供了井筒条件;②采用三凝浆柱结构和环空憋压候凝等压稳防窜措施,减少了水泥浆失重带来的环空气窜风险,从源头上解决了高压页岩气井环空气窜的问题;③通过高温高压高密度水泥浆体系应用,良好的流变性、稳定性、抗高温强度衰退性等,保障了固井施工安全和质量,同时为井筒长效封隔提供了基础。

3.5 长水平段固井工艺

长水平段井是实现页岩气藏高效开发的最经济且最有效的方法之一,一般认为水平段长超过 2500m 的水平井为长水平段井。近年随着钻井技术的不断提高,国内页岩油气井水平段

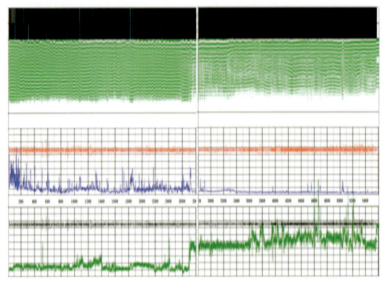

图 3-4-5 泸 203HXX 井固井质量评价图

长由 1500～2000m 逐渐延长至 2500～5000m，其中中石化在川东南区块页岩气井以 3065m、3583m、4035m 连续 3 次刷新国内页岩气井水平段最长记录，中石油长庆油田实现 5000m 页岩油超长水平段钻井。长水平段是未来页岩油气田经济开发的重要趋势，长水平段固井工艺也是未来固井工艺的重要发展方向。

3.5.1 工艺特点

长水平段固井工艺相较于常规水平井固井工艺，其主要特点有以下几点。

（1）岩屑床难以清除。长水平段岩屑、泥饼等固相颗粒容易堆积，尤其是井眼轨迹较差、井径不规则井段，岩屑等固相颗粒更容易堆积在凹陷处，当堆积量较大时，难以被驱替，影响套管下入。

（2）套管下入困难。常规水平井套管依靠自身重量可以将套管下入，长水平段套管下至后期，自重沿轴向的分力不足以带动套管继续下行，多数井采用上提下冲的方式下入和旋转下套管，套管安全下入困难。

（3）套管居中困难，顶替效率难以保证。水平段套管受自重影响容易偏心，长水平段这一问题更加突出，水平段越长套管偏心越严重，顶替效率越难以保证。

（4）对水泥浆性能要求高。一是水泥浆静置过程中会产生游离水，易聚集在环空顶部形成水带导致环空气窜，要求长水平段水泥浆达到零游离水标准；二是长水平段后期射孔压裂段数多，水泥环所受的交变载荷次数增多，对水泥浆弹韧性具有较高的要求。

3.5.2 关键工艺技术

3.5.2.1 井筒准备

长水平井水平段岩屑、泥饼在循环过程中容易在不规则井段聚集，难以被驱替，严重时甚至会造成环空堵塞,引起井下复杂情况。通过现场实践,通井过程中采用清砂工具、分段循环、纤维洗井和降摩减阻剂等方式,高效清除岩屑床,保证井筒清洁,降低下套管摩阻。

1. 清砂工具

通井钻具组合中加入清砂钻杆或清砂短节,在通井循环过程中,利用清砂工具形成环空旋流扰动破坏岩屑床,防止岩屑沉积聚集,提高岩屑清除效率。

2. 分段循环

循环过程中根据井眼轨迹,选择井斜、方位变化大,井径不规则点为循环点,大排量循环至无岩屑、沉砂返出,继续下段通井循环作业。

3. 纤维洗井

通井后配制 $10\sim20m^3$ 纤维钻井液充分循环洗井,利用纤维在钻井液中分散形成的空间网状结构捕集、裹挟岩屑,减少井筒岩屑床聚集。

4. 降摩减阻剂

通井调整钻井液性能,向钻井液中加入金属减阻剂、原油或其他润滑剂,改善泥饼润滑性,降低下套管摩阻。

3.5.2.2 旋转下套管

旋转下套管是将旋转下套管装置与顶驱连接,通过顶驱旋转带动顶部驱动工具旋转,实现套管上卸扣、旋转套管柱的目的。该工艺主要有以下技术优点。

(1)改变了套管下入方式。通过套管的旋转,将常规下套管单一滑动前进方式改变为滑动—滚动复合前进方式,提高了套管在不规则井段、摩阻较大井段以及长水平段末端下入的成功率,同时旋转套管有利于岩屑床的破坏,降低套管下行摩阻。

(2)可以实现不接循环头灌浆、循环。顶驱下套管装置扶正引导头水眼与顶驱主轴水眼相通,下套管装置下部通过卡爪和密封皮碗卡住套管,扶正引导头插入套管内,直接开泵就可以实现灌浆和循环。该功能的优点是:一方面省去拆装循环头操作,节省下套管时效;另一方面在下套管遇阻时,可以及时开泵循环结合旋转套管,清除遇阻点附近岩屑、虚泥饼,保证套管顺利下行,避免上提下冲造成井下附件的损伤失效。

旋转下套管技术除设备操作需要注意外,使用时还应注意以下关键配套工艺:①旋转转速的确定。下套管旋转转速的确定基于满足井口扭矩不超出套管能承受的最大扭矩和确保套管可以顺利下入(悬重大于零)的原则,根据井眼轨迹、钻井液性能、摩擦系数等参数,使用专业模拟软件模拟不同转速下的井口扭矩,优选合适的旋转转速。②旋转扭矩的设定。下套管时旋转扭矩的设定,应根据确定的旋转转速条件下井口最大扭矩而设定,保证旋转过程不会损伤套管。③套管"抬头"。旋转下套管过程中,浮箍、浮鞋长时间处于井壁的摩擦状态中,可能造成浮箍、浮鞋损伤失效,因此一般采用双浮箍保证碰压后回水断流。除此之外,通过在浮鞋与浮箍、浮箍与浮箍之间的套管上安放滚珠旋流扶正器,保证套管"抬头",减少浮箍、浮鞋与井壁的摩擦。

3.5.2.3 漂浮下套管

漂浮下套管是通过在套管串中加入漂浮接箍使水平段套管产生浮力，减小下套管摩阻的一种下套管技术。该技术在套管串中加入漂浮接箍，通过盲板作用使水平段部分套管内空间充满空气或轻质钻井液，使套管受浮力影响减小对井壁的正压力，降低下套管摩阻，从而达到套管居中和提高下入性的目的，广泛应用于长水平井、大位移井下套管施工。

该技术关键在于套管掏空长度的设计。以某长水平井为例，模拟水平段掏空 2000m 和掏空 3000m 条件下不同摩阻系数大钩载荷，通过图 3-5-1 可以看出，掏空 2000m 条件下 4400m 左右大钩载荷下降，套管自重开始部分被摩阻抵消，而漂浮 3000m 条件下 5600m 左右大钩载荷才发生下降，大钩载荷远大于掏空 2000m 的，说明水平段掏空长度越长，漂浮效果越好，套管下入摩阻越小。但掏空长度也要综合考虑漂浮接箍的破裂极限值，防止掏空过多造成破裂盘破碎，漂浮失败。

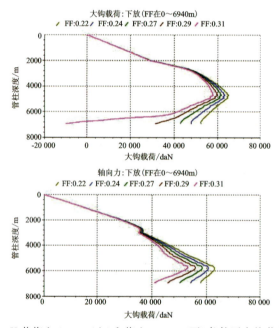

图 3-5-1　X 井掏空 2000m（上）和掏空 3000m（下）条件下大钩载荷模拟图

3.5.2.4 防窜增韧水泥浆体系

针对长水平段气窜风险高、射孔压裂段数多等问题，采用防窜弹韧性水泥浆体系可满足水平段防窜、增韧的要求。该体系具有低滤失、防气窜、高韧性等特点，采用分枝型降失水剂、纳米液硅等材料，提高水泥浆稳定性，减小水平段水泥浆滤失性，防止水平段顶部聚集自由水形成窜通道；采用纳米防窜剂提高水泥石候凝期间胶凝强度，防止候凝过程中气窜；使用晶格膨胀剂减小形成水泥石过程中的体积收缩，避免界面微裂缝的产生；采用纳米级胶乳、液体纤维等材料，改善水泥石韧性，减少射孔压裂对水泥石的破坏。长水平段井防窜增韧水泥浆体系性能参数见表 3-5-1。

表 3-5-1　川东南某长水平段井防窜增韧水泥浆性能参数表

项目	常规水平段水泥浆性能	长水平段水泥浆性能
密度/(g·cm^{-3})	1.88	1.88
流动度/cm	21~23	21.60
API 失水量/mL	<50	36
游离液/%	<0.02	0
沉降稳定性/(g·cm^{-3})	<0.04	0
初始稠度/Bc	<30	15.3
24h 抗压强度/MPa	>16	21.9
水泥浆 SPN 值	<3.00	1.96
抗循环载荷次数	20~30	50~60

3.5.3　现场应用实践

以胜页 X-3 井 139.7mm 生产套管固井施工为例,做详细说明。

1. 基础资料

胜页 X-3 井是东胜区块的一口开发水平井,完钻井深 6945m,完钻层位龙马溪组,最大垂深 2952m,水平段长 4035m,位垂比达到 1.37,完钻钻井液密度 1.50g/cm^3,黏度 59s,固相含量 26%,套管下深 6940m。本井下套管采用清砂短节和分段循环方式清洁井筒,下套管采用"旋转下套管+双漂浮接箍"下套管技术,下套管过程最大摩阻 26t;固井水泥浆采用防窜增韧水泥浆体系,流动性良好,自由水含量 0,SPN 值小于 2.00,具备良好的可泵性和防气窜性能。

2. 技术措施

1)井筒清洁

本井水平段较长,井眼轨迹呈先上翘后下切的趋势(图 3-5-2)。通井过程中采用清砂工具和分段循环相结合方式清洁井筒。

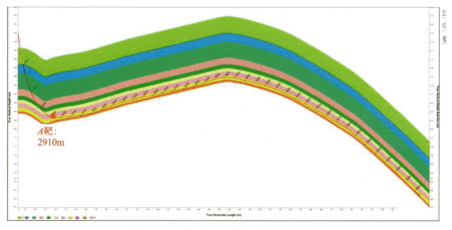

图 3-5-2　胜页 X-3 井水平段轨迹导向

通井钻具组合在水平段近钻头位置下入3根清砂钻杆,后续每隔300m下入清砂短节1只,共下入清砂短节3只,清砂钻具总长1000m,通井钻具组合如下:Φ215.9mm牙轮钻头＋双母＋浮阀＋Φ127mm清砂钻杆×1根＋Φ209mmSTB(简易)＋Φ127mm清砂钻杆×2根＋Φ208mmSTB(简易)＋Φ127mm加重×6根＋Φ127mm钻杆30根＋Φ165mm清砂短节＋Φ127mm钻杆30根＋Φ165mm清砂短节＋Φ127mm钻杆30根＋Φ165mm清砂短节＋Φ127mm钻杆306根＋钻杆串。分段循环考虑不规则井段及清砂钻具长度,分别取井底、5900m、4900m、3900m、2900m点循环,循环先以5~10L/s小排量顶通环空,待泵压和高架槽返浆正常后,逐渐提排量至32~35L/s进行大排量循环,每段以返出无岩屑和油泥为准,继续下钻通井循环。

2)旋转下套管

设备采用外置旋转下套管装置,转速设计为20~30rpm,扭矩设计为20~25kN·m,套管优选抗拉、抗挤能力强的TP125V以上钢级套管,防止套管变形;附件采用TP125V钢级浮箍2只,高承压偏心旋转浮鞋1只,且浮鞋与浮箍、浮箍与浮箍之间套管安放滚珠扶正器1只,保证套管顺利转动。

3)漂浮下套管

本井采用破裂盘式漂浮接箍,通过软件模拟(图3-5-3),当掏空4100m时套管下入摩阻最小且套管不会发生曲屈自锁,优选掏空长度4100m。综合漂浮接箍破裂极限(表3-5-2),选择双漂浮接箍管串结构(图3-5-4),1号漂浮接箍设计井深按漂浮接箍极限破裂压力计算,安放位置2890m;2号漂浮接箍设计井深按漂浮接箍极限破裂压力的1/2计算,安放位置1400m,保证漂浮正常。

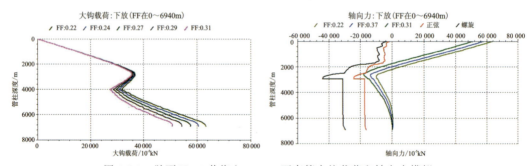

图3-5-3　胜页X-3井掏空4000m下套管大钩载荷和轴向力模拟

表3-5-2　胜页X-3井漂浮接箍技术参数表

规格/mm	139.7
型号	XPJQ
扣型	TP-CQ
外径/mm	188
内径/mm	121
破裂压力/MPa	40~42

续表 3-5-2

破裂后内径/mm	121
抗内压/MPa	140
抗外挤/MPa	103
抗拉强度/kN	3200
耐温/℃	150

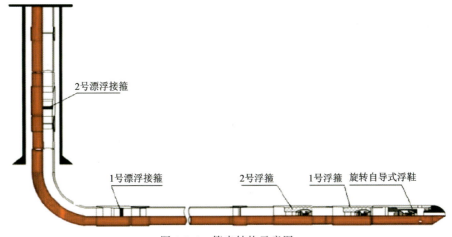

图 3-5-4　管串结构示意图

4）水泥浆体系

水平段水泥浆体系采用防窜增韧水泥浆体系，通过使用纳米液硅和弹性材料，使水泥浆具有良好的防气窜性能和弹韧性能，满足长水平段固井需求，其配方如下：嘉华 G 级＋5％弹性材料＋6％降失水剂＋4％液硅＋0.2％缓凝剂＋0.2％早强剂＋水

水泥浆基本性能如表 3-5-3。

表 3-5-3　胜页 X-3 井防窜增韧水泥浆实验性能

项目	设计性能	实测性能
密度/(g·cm^{-3})	1.88	1.88
流动度/cm	21～23	22.6
API 失水量/mL	＜50	32
游离液/％	＜0.02	0
沉降稳定性/(g·cm^{-3})	＜0.04	0
初始稠度/Bc	＜30	10.3
24h 抗压强度/MPa	＞16	22.0
水泥浆 SPN 值	＜3.00	1.56
弹性模量/GPa	＜8.0	5.2

3. 应用结果及认识

候凝72h后,测声幅质量(图3-5-5),固井质量优质,结合本井施工过程,总结如下经验:①下套管前采用清砂短节、分段循环等方式,可以有效清除水平段岩屑、虚泥饼,降低下套管摩阻;②旋转下套管和漂浮下套管,通过旋转和漂浮改变套管与井壁的接触方式,有效降低了下套管摩阻,并提高下套管安全性,保证长水平段套管安全下入;③漂浮下套管设计,需要考虑掏空对套管影响,防止套管挤毁,另外下完套管,注意排气操作,防止对下部浮箍、浮鞋造成冲击损坏;④防窜增韧性水泥浆,通过纳米材料和弹性材料的应用,提高水泥浆防气窜性能和弹韧性能,并实现了零析水性能,降低了长水平段候凝过程气窜和压裂后环空带压风险。

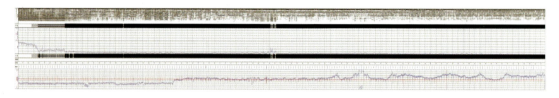

图3-5-5 胜页X-3井产层声幅质量图

3.6 泡沫水泥浆固井工艺

泡沫水泥是在水泥浆中混入一定比例的气体形成泡沫水泥浆硬化而成,由于泡沫水泥具有密度低、强度高、失水低、防气窜性能好等特点,多年来在国内外广泛应用于低压漏失井固井施工。泡沫水泥的制备方法主要有两种,即机械充气法和化学发气法。机械充气法相较于化学发气法具有易控制、气泡稳定等特点,在国内各区块得到广泛应用,近年涪陵、东胜、丁山等页岩气田推广应用该技术,并取得了良好的效果(匡立新等,2022)。

3.6.1 工艺特点

相较于普通低密度水泥浆固井,泡沫水泥浆固井的优势如下。

(1)泡沫水泥浆密度可设计至钻井液密度以下0.10g/cm³,相较于普通低密度水泥浆可以进一步降低环空液柱压力。对比2022年T1平台应用泡沫水泥浆固井的3口井提承压情况,见表3-6-1,采用泡沫水泥浆固井工艺降低提承压当量密度0.16~0.20g/cm³,极大降低了井队提承压难度,甚至可实现不提承压固井的目的。

(2)泡沫水泥浆中液相呈连续相,有效孔隙度较少,因此泡沫水泥浆抗压强度及防气窜效果优于常规低密度水泥浆,另外泡沫水泥浆由于气泡压力传递,候凝过程中近乎零失重,保证了气层的压稳。

(3)针对不规则、大肚子井段,泡沫水泥浆可通过气泡膨胀充填整个环空,实现高效顶替。

表 3-6-1　T1 平台 3 口井泡沫水泥浆固井

	T1-3HF	T1-4HF	T1-2HF
完钻井深/m	4793	5318	5015
钻井液密度/(g·cm^{-3})	1.56	1.48	1.49
井筒实际承压当量密度/(g·cm^{-3})	1.64	1.54	1.63
浆柱结构设计（泡沫水泥浆固井）	0~200m 1.80g/cm³ 盖帽浆 200~2500m 1.50g/cm³ 泡沫浆 2500~4793m 1.88g/cm³ 尾浆	0~500m 1.50g/cm³ 盖帽浆 500~2100m 1.42g/cm³ 泡沫浆 2100~2700m 1.60g/cm³ 泡沫浆 2700~5318m 1.88g/cm³ 尾浆	0~200m 1.80g/cm³ 盖帽浆 200~2200m 1.50g/cm³ 泡沫浆 2200~2700m 1.60g/cm³ 泡沫浆 2700~5015m 1.88g/cm³ 尾浆
提承压当量密度/(g·cm^{-3})（泡沫水泥浆固井）	1.63	1.52	1.63
浆柱结构设计（常规固井）	0~1200m 1.60g/cm³ 领浆 1200~4793m 1.88g/cm³ 尾浆	0~1300m 1.53g/cm³ 领浆 1300~5318m 1.88g/cm³ 尾浆	0~1200m 1.54g/cm³ 领浆 1200~5015m 1.88g/cm³ 尾浆
提承压当量密度/(g·cm^{-3})（常规固井）	1.83	1.78	1.80

3.6.2　关键工艺技术

目前,泡沫水泥浆的制备方法主要有机械充气法和化学发气法两种。机械充气法即指在普通水泥浆内通过机械方法充入设计量的气体,人工干预在水泥浆内形成均匀致密的泡沫,达到降低水泥浆密度的目的。化学发气法则是在干水泥中掺入一定量的发泡剂,发泡剂在水泥浆中自发产生气体,形成泡沫水泥浆。相较于化学发气法,机械充气法对密度控制更为精确,在充气的选择上常采用氮气一类的惰性气体,原因是:一方面氮气在水泥浆中的滞留系数较高,防止气体滑脱;另一方面惰性气体有利于减缓套管柱及水泥石的腐蚀速率,延长井筒服役周期。目前川东南页岩气井泡沫水泥浆固井均采用机械充氮工艺。

3.6.2.1　泡沫水泥浆制备

1. 制备原理

泡沫水泥浆制备原理是通过混浆撬将水泥基浆和发泡剂、稳泡剂、液氮进行充分混合（图 3-6-2）,形成气泡均匀、致密的泡沫水泥浆,并利用实时监测技术,通过数据采集（压力、排量、温度等）,控制地面注氮速率（标况下氮气排量与水泥浆排量的比值）,实现泡沫水泥浆密度实时调控。

2. 泡沫固井设备

泡沫水泥浆现场固井装置主要由水泥浆基浆供应系统、发泡液供应系统、氮气供应系统、泡沫发生器和泡沫水泥浆密度实时监控系统共 5 部分组成。为确保装置安全可靠,设计有氮气安全排放管线和止回阀门,起到防止流体回流和安全卸载压力的作用(图3-6-1)。

(1)水泥浆基浆供应系统:包括流量计、压力传感器、闸门组、截止阀,现场通过高压管线将注入系统与水泥泵车相连接,由水泥车配制并泵送设定密度的水泥浆。

(2)发泡液供应系统:发泡液供应系统设计有三通混合结构,发泡液经过喷嘴后和水泥浆进行充分混合。发泡液注入系统包括发泡液存储箱、自控式电动计量泵、单向截止阀、压力变送器。

(3)氮气供应系统:现场通过高压管线将氮气供应系统与液氮泵车连接,利用液氮泵车提供高压氮气。氮气属于惰性气体,不易与其他物质发生化学反应。氮气供应系统包括氮气存储罐、气体安全阀、气体压力调节阀、气体流量调节阀、气体流量计、压力变送器、单向截止阀、氮气排空阀等。

(4)泡沫发生器系统:利用泡沫发生器系统使氮气与含有发泡剂、稳泡剂的水泥基浆充分混合,在一定压力下产生气泡,再经过后端的均化腔室,形成气泡均匀、细腻的泡沫水泥浆。

(5)泡沫水泥浆密度实时监控系统:能实时采集水泥浆、发泡液和氮气的压力、流量、温度,根据水泥浆基浆排量、密度,实时控制氮气标况排量,达到设计的注氮率,利用编写的计算机模块计算并显示泡沫水泥浆密度(图3-6-2)。

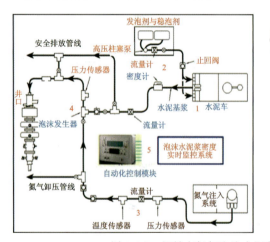 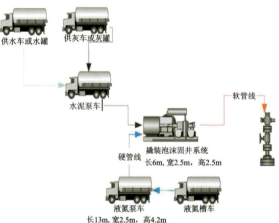

图3-6-1 机械充氮气泡沫水泥浆固井系统原理图(据匡立新等,2022)

图3-6-2 泡沫水泥浆混合系统现场照片

3.6.2.2 水泥浆性能

1. 泡沫水泥浆性能

针对密度为 1.00～1.60g/cm³ 的泡沫水泥浆进行 API 失水量和流变参数测试,然后将不同密度的泡沫水泥浆装入泡沫水泥浆专用密封养护釜内,在 80℃ 条件下养护 48h 后,取芯进行三轴测试,测试不同密度泡沫水泥浆石抗压强度、弹性模量和渗透率,实验数据如表 3-6-2,可以看出泡沫水泥浆 API 失水量随水泥浆密度降低而降低,流变性随水泥浆密度降低而变差;48h 抗压强度、弹性模量均随密度的增加而增大,抗压强度呈增大趋势,渗透率随密度增加而降低。相较于常规漂珠低密度水泥浆体系,泡沫水泥浆浆体具有更好的稳定性,抗压强度、弹性模量普遍优于低密度水泥浆,养护后泡沫水泥石微观貌见图 3-6-3。

表 3-6-2 不同密度泡沫水泥浆及水泥石基本性能数据表(据中石化工程院)

水泥浆密度/(g·cm⁻³)	API 失水量/mL (80℃×0.7MPa)	流变参数 (K/n 值)	抗压强度 MPa (48h×80℃)	弹性模量/GPa	气测渗透率/10⁻³μm²
1.6(漂珠)	66	1.25/0.7	4.6	8.0	0.100
1.6	32	1.13/0.7	16.3	6.0	0.050
1.5	30	1.36/0.7	14.5	5.4	0.080
1.4	28	1.94/0.65	12.1	4.9	0.100
1.3	26	2.2/0.64	9.6	4.0	0.120
1.1	24	2.5/0.67	5.4	3.1	0.500
1.0	10	3.4/0.62	4.2	2.3	0.800

 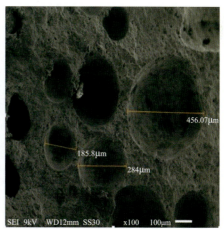

图 3-6-3 养护后泡沫水泥浆石(左)与微观形貌(右)

2. 稠化性能

在 80℃×30MPa×35min 条件下测试常规基浆和泡沫水泥浆的稠化时间,稠化曲线如图 3-6-4 所示,可以看出泡沫水泥浆稠化时间较常规基浆延缓 30min。由于氮气为惰性气体,不影响水泥浆性能,说明发泡剂和稳泡剂对水泥浆具有一定的缓凝作用。

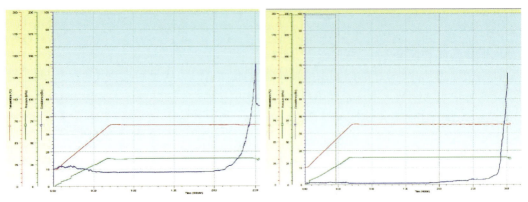

图 3-6-4　基浆(150min)和泡沫水泥浆(180min)稠化曲线

3. 膨胀特性

泡沫水泥浆具有根据压力变化体积压缩膨胀的特性,在候凝胶凝失重过程中,静液柱压力降低,高压气泡补偿压力损失,体积膨胀补偿水泥浆基浆的体积收缩,因此泡沫水泥浆几乎不存在由于失重造成环空气窜的风险(图 3-6-5)。

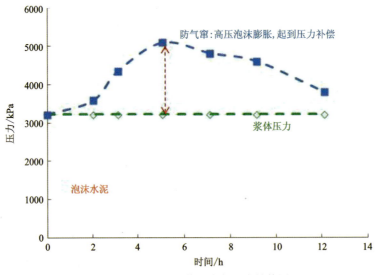

图 3-6-5　泡沫水泥浆膨胀与压力补偿图

4. 压力密度变化规律

在固井过程中,对井底压力的精确掌控是固井安全与成功的保障,为准确描述低密度泡沫水泥浆密度随井深变化关系,建立低密度泡沫水泥浆在 0.1～20MPa 压力范围内密度随压力和温度变化的数学模型,根据真实气体状态推导出低密度泡沫水泥浆随压力和温度的变化理论模型,通过实验对理论模型进行验证和修正,总结泡沫水泥浆密度变化规律,从而指导生产应用。

1)泡沫水泥浆密度变化理论模型

在两种不同温度压力状态下,真实气体状态的方程为

$$p_0 V_0 = Z_0 n R T_0 \tag{3-6-1}$$

$$pV = ZnRT \tag{3-6-2}$$

整理得到：

$$V_g = \left(\frac{\frac{ZT}{p}}{\frac{Z_0 T_0}{p_0}}\right) \times V_{g0}, \quad \delta(p,T) = \frac{ZT}{p}$$

即：

$$V_g = \left(\frac{\delta(p,T)}{\delta(p_0,T_0)}\right) \times V_{g0} \tag{3-6-3}$$

式中：ρ_b 为泡沫水泥浆基浆密度，配制好的泡沫水泥浆在混泡压力 p_0、T_0 条件下密度为 ρ_0；氮气体积为 V_{g0}；当压力变化为 p、T 时密度为 ρ；泡沫体积为 V_g；基浆体系为 V_b。

设基浆 $m_b = 1$，那么基浆的体积为

$$V_b = \frac{m_b}{\rho_b} = \frac{1}{\rho_b} \tag{3-6-4}$$

当压力为 p_0 时，

$$\rho(p_0, T_0) = \frac{m}{V_b + V_{g0}} = \frac{1}{\frac{1}{\rho_b} + V_{g0}} \tag{3-6-5}$$

整理得

$$V_{g0} = \frac{1}{\rho_0} - \frac{1}{\rho_b} \tag{3-6-6}$$

当压力为 p 时

$$\rho(p, T) = \frac{m}{V + V_g} = \frac{1}{\frac{1}{\rho} + V_g} \tag{3-6-7}$$

代入得

$$\rho(p, T) = \frac{m_b}{V_b + V_g} = \frac{1}{\frac{1}{\rho_b} + \left(\frac{\delta(p,T)}{\delta(p_0,T_0)}\right) \times \left(\frac{1}{\rho_0} - \frac{1}{\rho_b}\right)} \tag{3-6-8}$$

由于泡沫质量

$$\partial = \frac{V_{g0}}{V_{g0} + V_b} = 1 - \frac{\rho_0}{\rho_b}, \tag{3-6-9}$$

即

$$\rho_0 = \rho_b \times (1 - \partial) \tag{3-6-10}$$

得到泡沫低密度水泥浆密度随压力和温度变化关系的理论公式为

$$\rho(p, T) = \rho_b - \frac{\rho_b \partial \delta(p,T)}{\delta(p,T) - \partial \delta(p_0, T_0) + \partial \delta(p,T)} \tag{3-6-11}$$

模型定量分析可知，低密度泡沫水泥浆密度与压力成正比关系、与温度成反比关系，压力对密度的影响大于温度对密度的影响。

2)泡沫水泥浆密度变化规律

泡沫水泥浆密度受温度和压力的影响较大,对泡沫水泥浆井下密度的准确预测是泡沫水泥浆固井施工成功的关键,根据室内实验经验得泡沫水泥浆密度随压力变化的规律见表3-6-3。

表3-6-3 泡沫低密度水泥浆密度随压力变化规律

压力/MPa	变化规律
<0.5	密度随压力变化较大
0.5~5.0	密度随压力升高而上升但趋势放缓
>5.0	密度几乎不再发生变化

3.6.3 关键工艺措施

(1)井筒承压能力确定。下套管前通井过程中,对井筒进行试承压,通过试承压当量密度,反推泡沫水泥浆段长及密度,保证施工井底动态当量密度不大于漏失压力。

(2)浆柱结构设计。浆柱结构根据实际井筒承压能力进行设计,以压稳而不压漏为原则,保证泡沫水泥浆覆盖井筒漏点和承压薄弱点,防止发生漏失。

(3)水泥浆性能要求。泡沫水泥浆要求水泥基浆流变性冷浆、热浆 $\Phi 3$ 大于10,以保证充入的氮气气泡能在水泥浆中稳定均匀存在。另外充气方式上根据不同井段温度和压力实行分段充气,保证水泥浆充气均匀。

(4)环空加压方式。泡沫水泥浆环空加压方式采用常规密度水泥浆进行加压,通过压缩泡沫水泥浆实现压力传递,持续对尾浆进行压持作用,防止气窜。使用水泥浆进行环空加压,水泥浆自重可以压稳泡沫水泥浆,从而防止膨胀。

3.6.4 现场应用实践

泡沫水泥浆固井工艺目前在川东南页岩气井中被推广应用,应用效果以涪陵页岩气田为例,产层固井后声幅质量均在10%以内,固井施工过程中未发生漏失,压裂后均无环空带压情况,相较于同平台未使用泡沫水泥浆固井一、二界面优质率提高近30%。以T1-3HF井139.7mm产层套管固井为例,作详细说明。

1. 基础数据

本井完钻井深4793m,垂深2610m,套管下深4784m,钻井液密度1.56g/cm³,黏度63s,三开斜井段2393m发生失返性漏失,漏速15~20m³/h,降密度钻至3600m时井壁发生剥蚀,井径不规则程度较大,完井提承压最大当量密度1.64g/cm³不满足常规双凝双密度固井提承压当量密度1.83g/cm³需求。采用泡沫水泥浆固井工艺,优化浆柱结构,提承压当量密度仅1.62g/cm³,固井施工未发生漏失,测声幅质量优质。

2. 技术措施

1)浆柱结构设计

本井由于地层承压当量密度仅1.64g/cm³,根据承压要求反推浆柱结构及泡沫水泥浆密度,设计该井0~200m段为密度1.80g/cm³盖帽浆,200~2300m段为密度1.50g/cm³泡沫水泥浆,2300~2500m段为密度1.60g/cm³泡沫水泥浆,2500~4793m段为常规1.88g/cm³尾浆,需要提承压当量密度仅 $1.62g/cm^3$，井筒承压能力满足固井需求。

2）充氮设计及施工压力模拟

机械充氮施工参数如表 3-6-4，井底 ECD 及井口压力模拟见图 3-6-6。

表 3-6-4　机械充氮施工参数表

段数	泡沫基浆排量/$(m^3 \cdot min^{-1})$	泡沫基浆用量/m^3	氮气比例/$(m^3 \cdot m^{-3})$
1	1.0	3	5~10
2	1.0	10	10~15
3	1.0	10	18~24
4	1.0	10	26~32
5	1.0	10	32~36
6	1.0	5	25~30

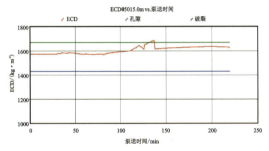 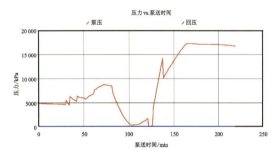

图 3-6-6　井底 ECD 及井口压力模拟

3）固井施工

下完套管后，选取 $1.90m^3/min$ 排量循环 3 周未漏开始固井施工，施工流程如表 3-6-5，施工全程未漏失。

表 3-6-5　固井施工参数表

起止时间	工作内容	工作量/m^3	密度/$(g \cdot cm^{-3})$ 最高	最低	平均	排量/$(m^3 \cdot min^{-1})$	压力/MPa	备注
14:30~15:10	注前置液	28	1.56			1	8	
15:00~15:10	注盖帽浆	5	1.8			1.2	16	
15:10~16:00	注泡沫领浆基浆	47	1.77			1.2	16→14	
	注泡沫尾浆基浆	5	1.89					
16:00~17:10	正注尾浆	63.0	1.92	1.88	1.89	1.6~1.2	14→5	注尾浆点火，火焰高度 0.5~1.5m
17:10~17:15	倒阀门清水压塞	4	1.02			1.2	0	
17:15~17:50	车替清水	39	1.02			1.4~1.5	3→11	
17:50~17:55	碰压	2.3	1.02			0.5~0.8	12→17	

环空加压采用水泥浆加压方式，根据压力情况小排量挤入水泥浆 $5m^3$，关环空候凝至尾浆初凝，用清水逐渐加压至 15MPa 时再关环空候凝；表中"→"表示压力的变化范围。比如"12→17"表示压力由 12MPa 增加至 17MPa。

3.应用效果及认识

候凝72h后测声幅质量,固井质量优质(图3-6-7)。通过施工过程及声幅质量可以看出:①泡沫水泥浆相较于常规漂珠低密度水泥浆体系,对井筒承压能力要求较低,大幅降低井队提承压难度;②泡沫水泥浆由于其具有膨胀补偿特性,可以有效压稳气层防止环空带压;③泡沫水泥浆固井工艺对低承压页岩气井具有良好的适应性,可实现施工质量和固井质量的双重保证,具有广阔的推广应用前景。

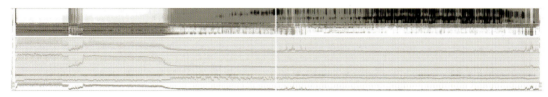

图3-6-7　T1-3HF井产层声幅质量图

3.7　顶部注水泥固井工艺

四川盆地页岩气多处于山地,受地质运动影响,储层产状复杂,钻遇断层频繁,产层井筒承压能力低,全井段固井漏失风险极高,严重影响水泥返高和固井质量。为保证此类井固井质量,采用下管外封隔器顶部注水泥的工艺进行固井,使用管外封隔器封隔井底漏失井段,打开分级箍建立上部井筒循环固井,下部井段在上部井段封固好后,钻除分级箍内套和盲管进行下部井段射孔压裂。该工艺的应用既保证了漏失井段以上固井质量,防止环空气窜,同时又保证下部漏失井段可以继续射孔压裂,不浪费完钻井段。

3.7.1　工艺特点

顶部注水泥是应用于页岩气水平段漏失井况下的一种特殊固井工艺,应用于水平段尾部漏失严重,但漏失段长一般不超过水平段长20%的水平井固井施工,其井下管串结构如图3-7-1所示。管串结构自下而上分别为浮鞋+套管或筛管+盲管+管外封隔器+长套管(1~2根)+压差式分级箍+套管+浮箍+套管+浮箍+套管串。

顶部注水泥固井工艺集合了管外封隔器胀封、分级箍打开和常规注水泥等工序,其施工流程为:按下套管程序下入套管→憋压胀开管外封隔器→憋压打开分级箍→建立循环,调整钻井液性能,循环2~3周固井→注前置液→注水泥浆→释放胶塞,压胶塞→替浆→碰压,关闭分级箍→检查放回水是否断流→候凝,钻除分级箍内套和盲管进行射孔压裂作业。

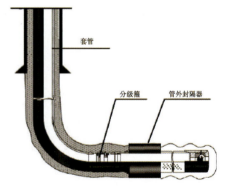

图3-7-1　顶部注水泥管串结构示意图

顶部注水泥固井工艺的特点体现在以下两个方面:①顶部注水泥可以根据漏点位置进行

3 页岩气固井工艺

井段封隔,实现漏失井段和正常井段分开完井,保证了全井段利用率;②顶部注水泥有效封隔了漏失井段,保证上部井段正常施工,避免了漏失带来的全井段水泥返高不够、固井质量差的问题。

3.7.2 关键工艺技术

3.7.2.1 井眼准备条件

顶部注水泥固井施工成败在于管串是否安全下到设计位置,同时管外封隔器、分级箍、浮箍等无失效的情况。因此下套管前必须做好通井工作,对井径不规则、狗腿度较大等井段进行充分扩划,同时调整好钻井液性能,降低固相含量及虚泥饼厚度,提高泥饼润滑性,保证套管一次性下到位。

3.7.2.2 管外封隔器位置选择

封隔器胶筒的膨胀大小有一定的尺寸范围,且长胶筒封隔器其自身刚性较大,因此在满足漏失井段封隔的前提下,尽可能选择在缩径井段、井眼轨迹相对平滑的井段布设,以避免井眼直径过大导致封隔器无法有效密封。

如果封隔器的位置必须要安放在井眼狗腿度较大位置时,可采用多只短胶筒和套管组合使用,减小管串刚性,防止封隔器受力失效;如果封隔器位置在井径扩大严重井段时,应选择长胶筒封隔器,必要时候可以重复下入 2～3 只,确保有效密封,避免水泥浆漏至下部井段。现场经验证明,封隔器所在位置的井径不超过其最大密封井眼尺寸的 80% 较为合适。

3.7.2.3 分级箍可靠性

分级箍在设定压力范围内正常开孔和关孔是能否顺利固井的关键,如果无法开孔,则无法建立固井循环通道进行固井;如果无法关孔,很可能导致水泥倒返,管内留塞,管外环空水泥返高不足。因此分级箍在选择上必须做到结构合理、类型匹配,开关孔的压力控制在设计范围内,通常现场允许分级箍的开关孔压力为工具出厂设计压力±2MPa,且分级箍的开孔压力必须和封隔器初始膨胀压力相匹配,为了便于现场操作,选择分级箍的开孔压力比封隔器初始膨胀压力大 5～6MPa 较为合适。

如果分级箍在设定压力内无法开孔,可先进行封隔器的暂封分隔作业,并在设定压力的基础上,每次增加 2MPa,较长时间进行憋压直至开孔成功,但最高压力不得超过整个承压管串中任何管材和工具附件的最高承压能力,不得超过套管抗内压的 80%。如果分级箍无法关闭,可尝试多次憋压,采用逐步升高关孔憋压压力和延长稳压时间的方法进行关闭,但最高压力不得超过整个管柱中任意承压部分的最高承压能力,不得超过套管抗内压的 80%,若不见效,则采用憋压候凝方式,井口外接压力表和泄压阀门,并派专人观察,防止管内憋压过高造成井下复杂。

3.7.3 现场应用实践

通过不断地试验摸索和方案优化,顶部注水泥固井工艺在焦页 33 号、焦页 51 号等平台水平段恶性漏失井中成功应用 5 井次以上,固井施工安全得到了有效保证。

以焦页 XXHF 井为例,作详细介绍。

1. 基础数据

焦页 XXHF 井是涪陵页岩气田的一口水平开发井,设计井深 4460m,水平段长 1200m,A 靶点 2753m。在水平段 3333～3465m 钻进过程中发生 3 次失返性漏失,漏失速度 15～20m³/h,采用桥浆堵漏、降钻井液密度等方法,仍存在渗漏,综合考虑后续钻进风险,钻至 3466m 提前完钻,完钻钻井液密度 1.37g/cm³,黏度 82s。固井采用顶部注水泥固井工艺,管外封隔器胀开位置 3449m,分级箍 3436m,上部井段分级箍打开正常,固井施工顺利,保证了 696m 水平段有效封固,水平段固井质量优质;下部井段钻除分级箍内套和盲管后采用压裂方式增产,产气正常。

2. 技术措施

1) 井眼准备

下套管前采用双扶通井方式,修复狗腿度较大的井段和管外封隔器作用井段,保证管外封隔器安全下入到位,且胀开后与井壁贴合紧密。

本井前期采用桥浆堵漏,固井前大排量循环钻井液,通过振动筛、离心机筛除堵漏材料和固相颗粒外,下套管前调整钻井密度至 1.35g/cm³,黏度 65s,固相含量 20%,泥饼厚度 0.3mm。

2) 管外封隔器的选择

管外封隔器优选内通径与套管内径相同的水力扩张式管外封隔器(图 3-7-2),水力扩张式套管外封隔器主要由套管母接箍、管体、密封箍、膨胀胶筒、阀件短节、阀件、断开杆和套管公扣短节等部件构成,通过套管内憋压胀开膨胀胶筒,使胶筒与井壁贴合封隔下部井段。

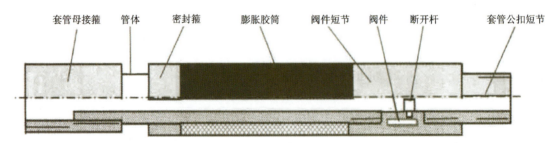

图 3-7-2 水力扩张式管外封隔器示意图

3) 分级箍的选择

分级箍选择压差式分级箍,压力级别大于管外封隔器 5MPa。压差式分级箍打开方式是通过套管内憋压,利用打开套上下端产生的压差将循环孔打开,循环固井;注水泥后,释放关闭塞替浆至碰压,关闭塞达到关闭套,此时憋压压力升高关闭循环孔,施工结束(图 3-7-3)。

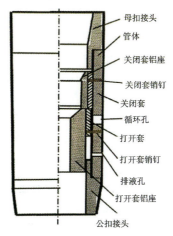

图 3-7-3 压差式分级箍结构示意图

4) 管串结构

本井选择使用管外封隔器封隔下部漏层,保证正常固井,管串结构入下:浮鞋+套管串(3300~3464m)+盲管(1m)+管外封隔器+套管(1根)+分级箍+套管(1根)+浮箍+套管(1根)+浮箍+套管串+井口芯轴悬挂器+联顶节。

5) 施工流程

水泥车使用固井前置液对套管进行憋压,水力封隔器座封,继续憋压,打开分级箍循环孔,建立循环,之后进行正常固井作业流程。现场施工流程见表 3-7-1。

表 3-7-1 焦页 XXHF 井 139.7mm 套管顶部注水泥施工流程

顺序	工作内容	工作量/m³	密度/(g·cm⁻³)	排量/(m³·min⁻¹)	压力/MPa	施工时效/min	累计时间/min	累计替入量/m³
1	管汇试压				25			
2	前置液憋压		水力封隔器坐封,并进行密封性试验		15			
3	前置液憋压		打开分级箍循环孔		18			
4	清洗液	20	1.28	1.2	8			20
5	冲洗液	15	1.28	1.2	8			35
6	注领浆	61	1.33	1.5	8	40	40	96
7	注尾浆	30	1.85	1.5	8	25	65	126
8	开档销压塞					3	68	
9	压胶塞	2.0	1.00	1.0	5	2	70	128
10	双车替清水	25	1.00	1.5	5→12	18	88	153
11	单车替清水	7	1.00	1.0	12→15	8	96	160

续表 3-7-1

顺序	工作内容	工作量/m³	密度/(g·cm⁻³)	排量/(m³·min⁻¹)	压力/MPa	施工时效/min	累计时间/min	累计替入量/m³
12	碰压	1.6	1.00	0.5	15→18	5	101	161.6
13	碰压检查回流					2	103	
14	关环空,环空加回压 10MPa							
15	候凝 72h 后测声幅,再进行套管试压							

3. 应用效果和认识

焦页 XXHF 井顶部注水泥固井施工过程顺利,全程未发生漏失,候凝 72h 后测声幅质量(图 3-7-4),固井一、二界面胶结质量良好;候凝 72h 上部套管试压 50MPa 合格后,钻除分级箍内套和盲管,封隔器以下井段采用大段射孔方式,上部井段采用密切割孔方式,压裂后试气 $16 \times 10^4 \mathrm{m}^3/\mathrm{d}$。

采用顶部注水泥固井工艺可满足漏失严重井固井需求,通过分段固井保证上部井段固井质量,为采气提供良好的井筒条件,对下部漏失井段也可以采用常规射孔压裂方式增产,实现漏失井全井段高效利用。

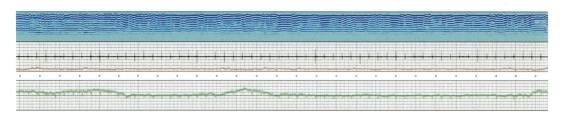

图 3-7-4 焦页 XXHF 井测井声幅质量图

3.8 二次完井固井工艺

国内页岩气勘探开发经历了近 10 年的发展,早期投产井已进入产能快速递减期,单井采收率普遍低于预期采收率,目前主要通过暂堵转向等压裂工艺技术恢复产能,但复采效果一般,早期投产井由于技术和设备的不成熟,储层改造程度较低,储能二次开采潜力较大(Elbel et al.,2018)。二次完井技术通过"套中固套、重复压裂"的方式,在原始井筒基础上重新下套管固井建立新井筒,再射孔、压裂恢复或提高单井产能(Liu et al.,2021;Ccadotte et al.,2018)。本节重点介绍二次完井技术中的固井部分工艺。

3.8.1 工艺流程

二次完井固井先通过小钻杆或连续油管下入铣锥、磨鞋通井,去除采气生产过程中井筒产生的结垢和杂质;循环洗井干净后,再向井筒注入固化水憋压堵漏,测试井筒承压能力满足固井要求后,下入套管串,注替水泥浆固井;检查浮箍、浮鞋密封完好性,最后脱节器丢手,循环出脱节器以上多余水泥浆,关井候凝。二次完井固井工艺流程如图3-8-1所示。

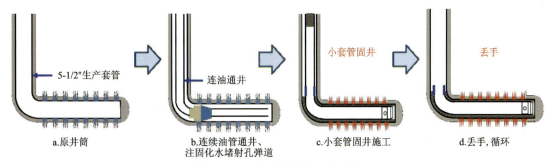

图3-8-1 二次完井固井工艺流程

二次完井固井是在原有的老井眼水平段中下入小尺寸的套管,再进行固井施工,二次完井固井技术难点如下:①老井筒中存在结垢、杂质,造成套管下入困难;②二次完井固井环空间隙小,小间隙水平井扶正器安放困难,居中效果较差,容易造成套管贴壁,影响顶替效率和水泥环均匀性;③小间隙环空流动摩阻较大,增大了环空液柱压力,容易压漏地层,水泥浆从原射孔道漏入地层,造成封固段水泥浆量不够,影响封固质量;④水泥环厚度较薄,后期压裂增产工艺施工压力较大,对水泥石的弹韧性要求高。

3.8.2 关键工艺技术

3.8.2.1 井筒清理

二次完井固井是在原套管内下入小尺寸套管重新固井建立井筒,原套管在前期生产过程中不可避免地会发生套管变形、管内结垢、弹孔毛刺等情况,影响小套管的安全下入,因此固井前需要下入锥铣、磨鞋等工具,对原套管内壁进行打磨、修复,大排量循环出杂质,保证井筒清洁,套管能安全顺利下到位。

3.8.2.2 井筒堵漏提承压

二次完井原井筒存在射孔炮眼,漏失特性具有漏失孔道大、漏速高等特点,水泥浆返高和固井质量难以保证,因此固井前需要对井筒进行堵漏提承压,保证水泥浆能够滞留在环空中形成优质水泥环对原井筒进行有效封固。二次完井堵漏提承压采用裂缝性固化水暂堵技术,最大程度降低井筒漏失,提高井筒承压能力,保证作业安全。

1. 裂缝性固化水作用机理

裂缝性固化水暂堵技术是针对裂缝性地层条件开发的一种屏蔽堵漏技术,裂缝性固化水采用固化剂颗粒、纤维、刚性暂堵颗粒等材料配制而成,并通过配套的施工工艺,封堵孔道,降低漏失。它的作用机理是通过纤维、固相颗粒和软性粒子3种不同材料在裂缝上的不同作用形成三级屏蔽暂堵(图3-8-2),固相颗粒和纤维会首先在裂缝端面形成架桥,然后软性可变形颗粒再封堵剩余的微小孔隙,从而形成渗透率几乎为零的暂堵层,从而有效隔离了井筒和裂缝两个压力系统,防止压井液中固相和液相向裂缝中的漏失。由于仅在裂缝端口处形成暂堵,所以在负压差的条件下也很容易解堵返排。

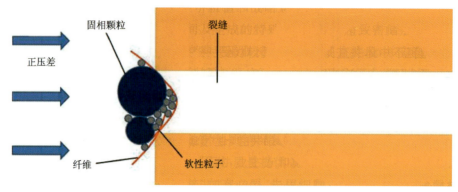

图 3-8-2　裂缝端面的封堵模型

2. 裂缝性暂堵固化水体系

根据暂堵模型,裂缝性暂堵型固化水体系所用堵漏材料由刚性颗粒材料、纤维暂堵材料和软化材料构成。刚性颗粒材料一般由多尺度粒径颗粒级配混合而成(图 3-8-3),满足不同裂缝宽度的架桥;纤维暂堵材料优选 6～10mm 长纤维,在井下容易聚团封堵裂缝(图 3-8-4);软化材料选择一种自吸水膨胀塑性材料,吸水膨胀后,颗粒体积可膨胀至原体积的 300 倍(图 3-8-5)。除以上 3 种主剂外,为了提高体系的抗温能力,加入胶体保护剂,使固化水能抗 140℃以上的高温,其次为了加快吸水材料的效率,还加入了一定量的胶体引发剂,使得配液过程更快速。

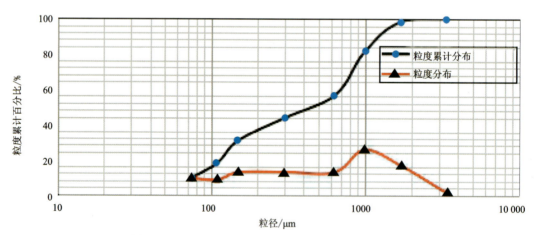

图 3-8-3　刚性颗粒粒度分布曲线和粒度累计分布曲线

裂缝性暂堵固化水推荐性能如下:①黏度在 15～110mPa·s 之间可调;②密度在 1.01～1.02g/cm³;③固化水体系抗温上限为 140℃;④固化水体系暂堵层至少能承受 12MPa 的正压差;⑤固化水体系的岩芯渗透率恢复值大于 85%,自然降解周期约 30d。

图 3-8-4　裂缝性暂堵固化水中的纤维团絮

图 3-8-5　裂缝性暂堵固化水中吸水膨胀后的软性颗粒

3.8.2.3　树脂套管扶正块

二次完井的井眼尺寸较小,为保证套管顺利下入,使用无接箍型套管,常规扶正器无法固定,定位式扶正器在小井眼中摩阻较大,容易脱落。目前常采用黏合树脂套管扶正块技术,将树脂扶正块黏合焊接在套管本体上,实现无接箍套管的居中以及确保套管顺利下入,该扶正块具有以下优点:①该扶正块是通过专用黏合技术粘贴在套管上,无需套管接箍和定位止动环,减小了井下流动摩阻和止动环失效的风险;②该扶正器由树脂和陶瓷类材料组成,弹塑性、耐磨性较好,可以有效降低套管下行过程中的摩阻扭矩;③安放位置灵活,可根据实际井眼轨迹调整扶正器形状及粘贴位置,保证在不规则井段套管安全通过(图 3-8-6)。

3.8.2.4　低摩阻增韧水泥浆体系

二次完井原套管和小套管之间环空间隙小,窄间隙水泥浆流动摩阻大,容易增大漏失;另外水泥环厚度较薄,后期抗冲击、抗循环载荷性能较差,不利于环空长效封隔。优选弹性材料、低黏降失水剂、分散剂等材料形成低摩阻增韧水泥浆体系,保证二次完井窄间隙固井需求,水泥浆推荐性能参数见表 3-8-1。

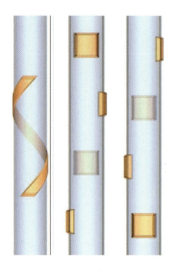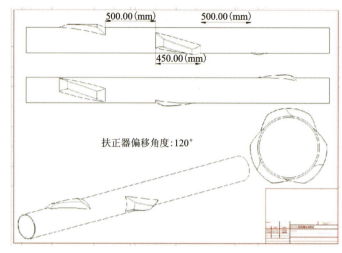

图 3-8-6 树脂扶正块安放示意图

表 3-8-1 二次完井固井低摩阻增韧水泥浆体系性能参数表

项目	常规增韧水泥浆性能	低摩阻增韧水泥浆性能
密度/(g·cm^{-3})	1.88	1.75~1.80
流动度/cm	21~23	23
API 失水量/mL	30~50	25~30
游离液/%	0.02	0
沉降稳定性/(g·cm^{-3})	0.04	0
初始稠度/Bc	10~30	9.5
24h 抗压强度/MPa	18.0~22.0	21.0~24.0
水泥浆 SPN 值	1.50~2.90	1.00~1.50
弹性模量/GPa	5.2~7.0	3.5~4.0
抗循环载荷次数/次	20~40	70~80

3.8.3 现场应用实践

二次完井固井工艺在国内相关应用资料较少,涪陵页岩气田近年完成了焦页 XHF 等 3 井次的应用实践,施工过程顺利,固井质量优,后期压裂产能恢复 80% 以上。以下以焦页 XHF 井二次完井固井为例,作详细介绍。

1. 基础数据

焦页 XHF 井是涪陵页岩气田的一口水平评价井,完钻井深 4006m,水平段 1200m,射孔 15 段,压裂后开采 7 年,日产量由 25.1×10^{4}m^3/d 降至 3.8×10^{4}m^3/d,采用二次完井固井工艺建立新井筒,重新压裂恢复产能。新井筒在原 139.7mm 套管 2238~3976m 井段下入 88.9mm 小套管,注水泥固井,固井前使用锥铣和磨鞋对井筒套变、结垢井段进行处理,然后使用裂缝性暂堵固化水对井筒进行堵漏提承压,降漏速至 30L/min 后,注水泥固井,施工过程顺利,碰压、起中心管正常,测声幅质量优质,后期射孔压裂后恢复产能近 90%。

2.技术措施

1)井筒清洁处理

固井前对井筒进行完整性测试,测试结果显示套管底部结垢严重,3500m 左右井段腐蚀严重,水平段射孔弹道附近井段存在严重的套管变形。分别采用直径 114mm 磨鞋,112m、108mm 锥铣对原井筒内壁进行打磨和修复,并使用 $1.0m^3/min$ 以上大排量循环,带出井筒杂质;井筒清理处理完毕后,下入两根带扶正块的套管进行井筒摩阻验证,起出套管,扶正块未掉落,扶正块表面仅轻微磨损,证明井筒情况满足下套管要求。

2)井筒堵漏提承压

为保证降低井筒漏失,保证固井质量,采用连续油管循环堵漏的方式注入裂缝性暂堵固化水进行堵漏,堵漏后井筒漏失速率 $1.08m^3/min$,满足井筒承压 12MPa 施工要求。

(1)固化水配方确定。为了保证固化水体系的流动性和封堵效果,本井使用两段不同配方,第一段采用刚性堵漏颗粒+纤维堵漏材料+软化堵漏材料的配方,循环封堵弹孔,降低漏速;第二段采用低黏度纤维堵漏材料+软化堵漏材料的配方,进一步提高堵漏效果,同时便于后期井筒清洗。具体配方如下:①第一段配方。淡水+2%刚性堵漏颗粒+0.6%纤维颗粒+1.0%软化堵漏材料+0.5%固化引发剂+0.5%胶体保护剂。②第二段配方。淡水+0.6%纤维堵漏材料+1.0%软化堵漏材料+0.5%固化引发剂+0.5%胶体保护剂。

(2)循环堵漏作业。堵漏施工采用连续油管循环堵漏方式,本井水平段 1200m,分两段分别在井底和 3300m 循环裂缝性暂堵固化水。堵漏过程先注入第一段暂堵固化水,堵漏过程密切关注泵压变化情况,待压力急剧上升后,停泵,开井,重复上述操作循环裂缝性固化水暂堵体系 2 周,观察测试井筒承压情况,若不满足承压要求,重复上述循环过程,直至承压满足要求。然后开始注入第二段低黏度固化水,清洗和进一步提升堵漏效果(图 3-8-7、图 3-8-8)。

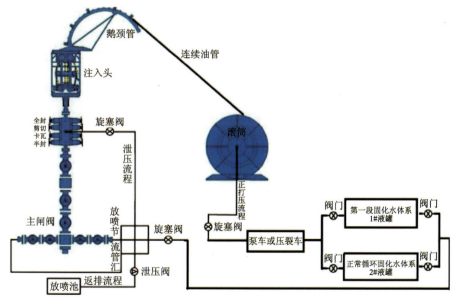

图 3-8-7 循环堵漏作业流程图

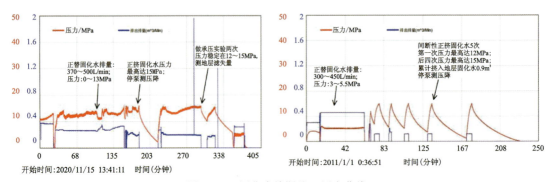

图 3-8-8 固化水堵漏施工压力曲线

3)扶正块安放

扶正器采用树脂型扶正块,扶正块设计外径 112mm,每根套管安装 4 块,圆周上按照 90°交错分布,公扣或母扣端约 2m 处安装 2 片,相距 30cm,相对安放(图 3-8-9),模拟套管居中度 72%,下套管最终载荷 18kN,下套管摩阻 3.5~6.8t。

图 3-8-9 焦页 XHF 井扶正块安放示意图

4)低摩阻弹韧性水泥浆体系

本井采用低摩阻弹韧性水泥浆体系,降低流动摩阻,提高水泥石弹韧性,保证固井质量和后期压裂需求。水泥浆性能参数见表 3-8-2。模拟了 139.7mm×88.9mm 井身结构下常规水泥浆与低摩阻弹韧性水泥浆的动态井底当量密度(图 3-8-10),可以看出低摩阻弹韧性水泥浆动态及各地当量密度远小于常规体系水泥浆,有利于井筒防漏。

表 3-8-2 焦页 XHF 井二次完井固井水泥浆性能参数表

密度/(g·cm^{-3})	流动度/cm	沉降稳定性/(g·cm^{-3})	自由水/%	稠化时间/min	SPN 值	弹性模量/GPa
1.75	22.6	0	0	300	1.30	3.80

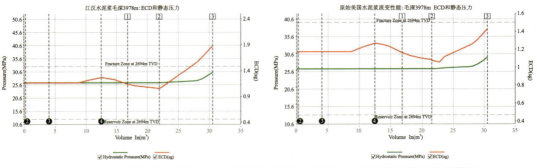

图 3-8-10 常规体系水泥浆(左)与低摩阻弹韧性水泥浆(右)动态井底当量密度模拟

5)固井施工过程

套管下到位以后,小排量顶通建立循环,记录不同泵速下的井口压力,与模拟结果进行比较,压力无异常后,准备进行固井作业,固井施工流程参数见表3-8-3。

表3-8-3　焦页XHF井套中固套施工流程参数表

顺序	操作内容	工作量/m³	密度/(g·cm⁻³)	排量/(m³·min⁻¹)	井口压力/MPa	施工时间/min	累计时间/min
1	管汇试压	0.5	1.0			15	15
2	开始批混水泥浆,测量密度,留样品					30	45
3	注冲洗液	4.0	1.0	0.5	7	4	49
4	注水泥浆	8.5	1.74	0.5	7	17	66
5	停泵,冲洗地面管线,释放胶塞					10	76
6	水泥车替清水	11	1.0	0.5	8	22	98
6	水泥车替清水	5	1.0	0.4	10	13	111
6	水泥车替清水	2	1.0	0.3	10	7	118
7	碰压				15		
8	碰压稳压试压				15	10	128
9	检查回流、冲洗四通					10	136
10	脱手					10	146
11	循环洗出多余水泥浆,循环过程控制泵压,并观察进出口排量,判断有无漏失						
12	起钻,关井候凝,候凝48h后测声幅质量						

3.应用效果

测声幅质量,封固段一界面胶结质量优良井段99.00%,二界面胶结质量优良井段89.40%(图3-8-11)。后期重新完成21段压裂,产能恢复率达90%以上。通过应用井筒清洁、固化水堵漏、树脂扶正块和低摩阻弹韧性水泥浆等,保证了新建井筒的固井质量,并为后期压裂增产措施的实施提供了良好的井筒条件,针对后期日益增多的产能递减井,可以推广应用。

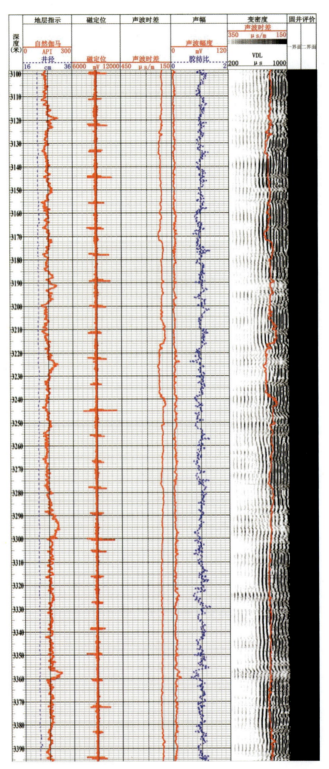

图 3-8-11　焦页 XHF 井二次完井固井质量评价图（3100～3400m）

4 页岩气固井液体系

YEYANQI

页岩气钻完井技术在不断发展,与之相配套的固井工作液也在不断推陈出新。为满足涪陵、川南页岩气固井作业需要,固井技术人员相继研发了高效固井前置液、自修复水泥浆、高强低密度防漏水泥浆、韧性防窜胶乳水泥浆、抗高交变载荷水泥浆、高温高密度防窜水泥浆以及特殊堵漏水泥浆体系等固井液。这些固井液不仅解决了固井作业中油基泥浆界面冲洗效率低的问题,同时满足了不同类型页岩气水平井固井作业要求,且固井质量较高,对于有效保障水泥环完整性、预防和控制套管环空带压方面发挥了重要作用。目前涪陵与川南区块页岩气井的环空带压率已经由最初的81.3%(2014)降低至8.3%(路保平,2021),实现了90%的降幅,这与固井液的技术创新和进步密不可分。

4.1 固井前置液体系

为了保证良好的固井质量,固井前置液是必不可少的一种固井工作液。常规井固井前置液是由冲洗液和隔离液组成的,油基钻井液钻进的页岩气固井前置液主要是由清洗液和冲洗液组成的。清洗液通过渗透、剥离、乳化、增溶作用将井壁面上的油基钻井液油膜剥离乳化携带出井筒;冲洗液主要起到强化界面清洗、界面润湿反转的作用(游云武,2015;张家瑞等,2021;Hao,2022)。

4.1.1 作用机理

提高油基钻井液水平井固井质量的关键技术之一是高效清洗液技术。运用高效清洗液对油基界面进行冲刷、清洗,剥离油膜,实现润湿反转,恢复界面水润湿是提高界面胶结质量的基础。前置液对油基钻井液的冲洗效果主要体现在以下4个方面。

4.1.1.1 渗透作用

前置液中的表面活性剂会在油基钻井液的泥饼表面吸附,其疏水基一端吸附泥饼的表面,亲水基一端伸入水中,使油基钻井液泥饼表面覆盖了一层表面活性剂分子。由于吸附层中表面活性剂分子的亲水基伸入水中,所以油基钻井液具有了亲水性能,使前置液中的溶剂和水易在油基钻井液泥饼的表面渗入,产生溶胀作用,削弱油基泥饼的结构力,同时也削弱油基泥饼和套管之间的作用力,然后在前置液的冲刷下,一方面油基泥饼会被逐渐剥离,另一方面,油基泥饼会逐渐卷起,在卷起过程中形成的新表面立即有表面活性剂分子吸附上去,产生新的润湿和溶胀作用,最终油基泥饼从界面上彻底卷起,冲掉的油基钻井液被前置液中的表面活性剂分子形成的胶束包裹,分散到前置液中。

4.1.1.2 乳化增溶作用

乳化作用是指在一定条件下使互不相溶的两种液体形成具有一定稳定性的液/液分散体系的作用。在此分散体系中,被分散的液体以小液珠分散于连续的另一种液体中,此体系称为乳状液。形成乳状液的两种液体:一种通常为水或水溶液,称为水相;另一种为不与水混溶的液体,称为油相。乳化作用的发生和乳状液的形成通常必须要加入第三种物质,此物质称为乳化剂,一般为表面活性剂。表面活性剂通常由亲水基和疏水基两部分构成,能在油/水界面形成薄膜,从而降低其表面张力。在该过程中,由于表面活性剂的存在使得非极性憎水油滴变成了带电荷的胶粒,增大了表面积和表面能。由于极性和表面能的作用,带电荷的油滴吸附水中的反离子或极性水分子形成胶体双电层,阻止油滴间的相互碰撞,使油滴能较长时间稳定存在于水中。

增溶作用是指由于表面活性剂胶束的存在,使在溶剂中难溶乃至不溶的物质溶解度显著增加的作用。将表面活性剂加于水中时,水的表面张力开始时会急剧下降,继而形成表面活性剂分子聚集的胶束。形成胶束时所用表面活性剂的浓度称为临界胶束浓度,当表面活性剂的浓度达到临界胶束浓度时,胶束能把油基钻井液的油相或滤饼的固体微粒吸聚在亲油基的一端,因此可增大微溶物或不溶物的溶解度。

4.1.1.3 表面张力剥离作用

油基钻井液在套管表面有一接触角 θ,如果水中没有表面活性剂存在,那么平衡时,润湿方程为:

$$\sigma_{ws} - \sigma_{os} = \sigma_{ow}\cos\theta \tag{4-1-1}$$

式中,σ_{ws}、σ_{os}、σ_{ow}分别是水与套管之间、油基钻井液的油污与套管之间、油基钻井液油污与水之间的界面张力,θ是接触角。当水中有表面活性物质时,由于活性物质的吸附,润湿方程中的 σ_{ws} 和 σ_{os} 会随之减小,但是套管壁和钻井液的接触面上无活性物质的吸附,因此套管表面和油基钻井液的油污界面之间的收缩力 σ_{os} 维持一样。通过润湿方程来看,为了保证等式的成立,当等式左边水与套管之间的界面张力和油基钻井液的油污与套管之间的界面张力减小时,等式右边的 $\cos\theta$ 也会随之减小,相反接触角将增大。油基钻井液的油污所受的作用力产生了改变,破坏了原先的均衡。所以为了保持再一次的平衡,油基钻井液的油污与套管之间和油基钻井液油污与水之间直接的接触角会改变,这样油基钻井液油污的形态也会发生改变,出现油污卷曲现象,如图4-1-1所示。

图 4-1-1 油性污垢从左向右卷曲示意图

理论上,油基钻井液的油污和套管表面之间的接触角度临近180°时,会转变成为油珠,并从套管壁外表层滑落而消除。

如果油基钻井液的油污和套管表面之间的接触角度介于90°~180°之间,油污尽管无法自主的从套管壁外表层脱落,但是也可以被水流从套管壁表面冲洗下来(图4-1-2)。

如果油基钻井液的油污与套管表面之间的接触角小于90°,虽然有流动液体的冲刷作用,但是套管表面上还会有少数的油污存留(图4-1-3)。这就需要前置液具有良好的物理冲刷作用,清除剩余的油污残留物。

依据渗透和表面张力的原理,国内外科研工作者开发了多种油基钻井液前置液,使用时,这些基液能够把黏有油基钻井液的套管浸泡其中。通常情况下,黏有油基钻井液的套管浸泡在前置液中,套管上的油浆会逐渐卷曲、脱落,一段时间后,只会剩下少量的残留物。这也验证了渗透和表面张力的作用机理对油基钻井液的冲洗是可行的。

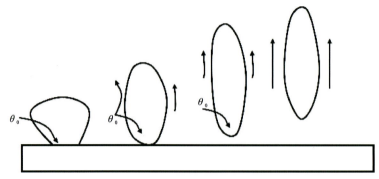

图 4-1-2 油性污垢接触角 90°～180°示意图

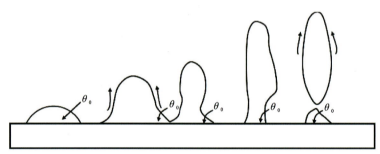

图 4-1-3 油性污垢接触角小于 90°示意图

4.1.1.4 物理冲刷作用

在顶替过程中,前置液中的表面活性剂以减弱油基钻井液泥饼与套管或井壁表面的黏附作用并施以机械力搅动,使泥饼与套管或井壁表面分离并悬浮于前置液中,最后随着前置液循环而带出井筒。

基于上述理论,长江大学许明标教授团队开发了一种由表面活性剂构成的高效油基清洗液 VERSACLEAR,这种清洗液对油基钻井液油膜具有良好的渗透、剥离、乳化、增溶作用,由于所用表面活性剂兼有亲油性和亲水性,乳化后的油基钻井液可以溶入清洗液中,随清洗液流动被带出井筒,进而实现井筒内残留油基钻井液的有效清除。为增强界面清洁和润湿反转效果,长江大学开发了低黏冲洗液 FLUSHER,主要由低分子量聚合物和表面活性剂组成,且具有较低的黏度,可以在较低排量下实现紊流顶替,还可以对界面强化清洁和增强润湿反转性。FLUSHER 与清洗液、水泥浆、钻井液均具有良好的兼容性,能够有效避免钻井液、水泥浆之间的污染,在改善界面胶结、提高固井质量方面发挥着重要的作用。

4.1.2 前置液性能

4.1.2.1 清洗液介绍

1. VERSACLEAR 清洗液的理化特性

VERSACLEAR 清洗液由双亲表面活性剂组成，其密度在 0.95~0.98g/cm³，且具有较低的生物毒性，属于一种环保型油基钻井液清洗产品。当清洗液与油基钻井液相混时，清洗液可以迅速将油基钻井液乳化，30s 的乳化率可达 40%，可以在较短时间内实现对油基钻井液或油膜的乳化和清除。表 4-1-1 是 VERSACLEAR 清洗液的基本理化性能参数统计表。

表 4-1-1　VERSACLEAR 的基本理化性能参数统计表

性能		指标	性能	指标
外观		浅黄色液体	燃点/℃	>90
pH 值		6.5~8.0	黏度（30℃）	12.6mm² · s⁻¹
生物降解度（BoD₅/CoDcr）/%		37	生物毒性 24h LC₅₀/(mg · L⁻¹)	>4000
乳化率/%	10min	75	相对密度/(g · cm⁻³)	0.95~0.98
	30s	40	加量（推荐量）/%	20

2. VERSACLEAR 清洗液乳化稳定性评价

VERSACLEAR 清洗液对油基钻井液具有良好的乳化增溶效果，且受油基钻井液的黏度影响小。乳化稳定性是衡量 VERSACLEAR 清洗液性能的最重要指标之一。良好的乳化稳定性，有助于提高清洗液对油膜的清洗效率。乳化稳定性是通过测定清洗液和油基钻井液基液不同比例混合物搅拌 30s 后的乳液的稳定性而得到，乳液稳定时间越长说明清洗液的乳化稳定性越好，清洁能力越强。

从图 4-1-4 可见，从左到右分别是清洗液与油基钻井液基液 4∶1、2∶1、4∶3、1∶1、4∶5 的混合液。左图为 1000r/min 搅拌 30s 后的乳液状态，右图为静置 30min 后的乳液状态。由图可见静置 30min 后不同比例的混合乳液依然具有较好的稳定性，清洗液即使溶入 125% 的

 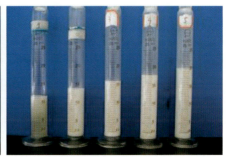

　　　静置前　　　　　　　　　　　静置 30min 后
图 4-1-4　VERSACLEAR 清洗液乳化稳定性评价效果图

油基钻井液依然具有良好的乳化稳定性。实验室内乳化率的测定是一个静态的过程,而在实际的页岩气固井作业中,清洗液始终处于流动状态,清洗液可以通过乳化增溶的方式,持续的将油基钻井液乳化、携带出井筒,实现油基钻井液油膜清除和界面润湿反转的效果。

3. VERSACLEAR 清洗液界面冲刷效果评价

对于油基钻井液前置液界面冲刷效果的评价业内还没有统一的规范,现提供一种可行且评价效果较好的方法。

1)实验设备

六速旋转黏度计、黏度计转子(钢管)、烧杯等容器、秒表、利用 80~120 目砂纸模拟的井筒壁面。

2)实验说明

采用表面均匀粗糙的砂纸(80~120 目砂纸),长度 35mm×50mm,如图 4-1-5 所示,粗糙面向外反贴于六速旋转黏度计转子之上,利用转子的旋转使砂纸表面均匀的附着油基钻井液,并以此来模拟井筒内的油基钻井液壁面(要求砂纸在油基钻井液中浸入 2 小时)。

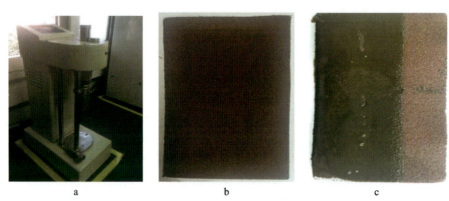

图 4-1-5　模拟冲刷实验主要设备和材料
a.六速旋转黏度计;b.模拟井壁砂纸;c.附着油基钻井液砂纸

3)实验方法

采用六速旋转黏度计的旋转速率来模拟不同冲刷速率,以此来测定前置液对油基钻井液的冲刷效果。

注意事项如下。

(1)为尽量降低手工操作或目测造成的误差,采用机械方式清洗黏度计。此方法直观、可重复、较准确。

(2)尽可能接近现场冲洗实况:黏度计与现场冲洗均以冲洗液与黏附泥浆相对运动而产生冲洗,具可比性。

(3)六速旋转黏度计转速与现场泵速能够按照规律进行相互换算,详细换算见下文。

4)六速黏度计模拟冲刷实验转速与冲刷速率的模拟

(1)现场通常采用的冲洗泵速。根据泥浆性质(油基)、黏度、地层等情况确定冲洗泵速。一般情况下,油基钻井液及黏度大的泥浆,冲洗泵速相对高;水基泥浆及黏度小的泥浆,冲洗泵速相对低。①生产套管固井清洗,为了流体达到紊流的效果,通常泵速可达1.5m/s;②其他更大尺寸套管固井清洗,因井眼较大,为避免因泵速太高冲垮井眼,通常泵速为0.3~0.5m/s。

(2)泵速与黏度计转速转换。转子周长:13cm=0.13m。①1.5m/s泵速=流变仪转速:692r/min(1.5m/s÷0.13m×60s=692r/min);②0.3~0.5m/s=流变仪转速:140~230r/min[(0.3m/s~0.5m/s)÷0.13m×60s=140~230r/min]。

(3)流变仪转速的确定。同等条件下,速度越快清洗效果越好;测试速度应小于现场泵速,才能保证实际作业清洗效果。水基泥浆及黏度小的泥浆转速为200r/min;油基钻井液及黏度大的泥浆转速为300r/min。

主要实验材料有清洗液、冲洗液、现场油基钻井液(密度1.40g/cm³)、铁矿粉(密度为4.92g/cm³的1200目赤铁矿)。

实验步骤:①将油基钻井液和一定浓度的清洗液按照实验温度恒温养护20min;②六速旋转黏度计转子贴上100目砂纸;③将养护好的油基钻井液倒入浆杯,把贴上100目砂纸的转子2/3处浸泡于泥浆中,预留1/3干净砂纸作为清洗效果对比面;④采用600r/min的转速,转5min,较大剪切力使砂纸表面均匀牢固黏满泥浆,形成油基油膜,然后将砂纸在油基钻井液中浸泡2h;⑤换清洗液浆杯,用300r/min转速清洗3min,然后用冲洗液清洗2min;⑥观察砂纸表面的泥浆是否被清洗干净,可直观判断清洗效果,同时,可以采用公式$A = \dfrac{G_1 - G_2}{G_1 - G_0} \times 100\%$定量计算清洗效率。式中,$A$为清洗效率(%);$G_0$为转筒和砂纸质量(g);$G_1$为浸泡后转筒和砂纸的质量(g);$G_2$为清洗后转筒和砂纸的质量(g)。

实验室采用的清洗液配方:淡水/VERSACLEAR清洗液=75/25(体积比),与现场使用的油基钻井液进行了清洗效果评价,冲刷效果实验图如图4-1-6所示。

附着油基钻井液砂纸

未冲刷附着油基钻井液砂纸

冲刷后附着油基钻井液砂纸

图4-1-6 冲刷实验图片

从表4-1-2可以看出,随着时间的延长,清洗液对油基钻井液泥饼的冲洗效率逐渐增大,说明在一定流速下延长冲洗时间,能够一定程度上提升冲洗效率。从室内的研究结果来看,采用清洗液加冲洗液两段式冲刷的方式冲刷油基钻井液油膜,冲洗效果显著。

表 4-1-2 清洗液在 600r/min 转速下的冲洗效率对比表

时间/min	G_0/g	G_1/g	G_2/g	冲洗率/%
3	145.74	150.40	146.08	92.7
6	143.61	155.02	144.20	94.8
10	142.92	154.60	143.34	96.4

4.油基清洗液界面润湿反转效果评价

油基清洗液界面润湿反转效果评价方法可以参照以下做法：①采用高渗透性（渗透率≥500mD）岩芯作为模拟地层，加压 3.5MPa，将油基钻井液压入岩芯一端，做出模拟滤失界面（图 4-1-7）；②在 300r/min 转速下分别采用清水和清洗液对滤失界面进行清洗 10min（图 4-1-8）；③分别在清水和清洗液清洗后的界面上滴入水滴，观察水滴在界面上的铺展情况，若水滴完全铺展开，说明界面为亲水性，若水滴在界面上依然呈水滴状无法铺展则说明界面为亲油界面（图 4-1-9）。

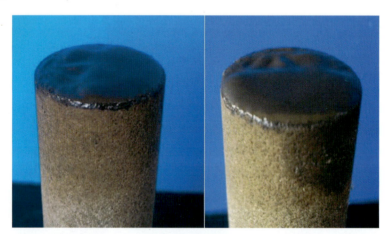

图 4-1-7 岩芯模拟油基钻井液滤失界面

清水清洗 10min　　　　　清洗液清洗 10min

图 4-1-8 滤失界面清水清洗和清洗液清洗 10min 后的外观图

清水清洗 10min　　　　　　　清洗液清洗 10min
图 4-1-9　清水清洗和清洗液清洗 10min 后滤失界面水滴铺展情况

由图 4-1-9 可见，采用清水清洗后的岩芯端面，滴一滴水在端面，会形成一滴水珠，这说明端面有亲油性；而采用清洗液清洗的岩芯端面，水全部铺展开，变为水润湿，说明清洗液具有良好的界面润湿反转性能。

4.1.2.2　冲洗液介绍

FLUSHER 冲洗液作为页岩气固井前置液的一部分，其主要功用是强化清洁界面和增强界面润湿反转，提高顶替效率和改善界面胶结质量。

1. FLUSHER 冲洗液冲洗效率

1）冲洗效率评价装置的设计

模拟井下冲洗效果，室内将实际井眼及套管尺寸缩小 5 倍来设计冲洗效率装置(图 4-1-10)，采用人工砂岩岩芯来模拟井壁，并根据设计的尺寸和实际的上返速度来确定达到紊流所需的泵的最小排量。实验用砂岩是采用不同粒径的砂子与水泥混配而成，并在支撑套上有很多失水孔，以便在加压的过程中形成压差，达到失水和形成泥饼的目的。

$$Q = \frac{\pi(D_2^2 - D_1^2)V}{4} \quad (4\text{-}1\text{-}2)$$

式中：Q 为临界排量(cm^3/s)；D_1 为套管外径(cm)；D_2 为井壁直径(cm)；V 为上返速度(cm/s)。

现场施工中上返速度一般为 0.3~5m/s，实验中采用最小上返速度 0.3m/s，设计的砂岩井壁直径为 5cm，套管外径为 3cm，这样可以达到最小紊流状态泵的临界排量，经式(4-1-2)计算为 377cm^3/s，即 1.357m^3/h。

2）冲洗效率计算

冲洗效率实验是在动态模拟井筒内进行，井筒内有模拟套管和模拟井壁。首先用钻井液在井筒内静止或循环，钻井液向井壁失水并形成泥饼。然后用冲洗液顶替钻井液，达到一定的接触时间即停止顶替。通过式(4-1-3)计算冲洗效率。

$$A = \frac{G_1 - G_2}{G_1 - G_0} \times 100\% \quad (4\text{-}1\text{-}3)$$

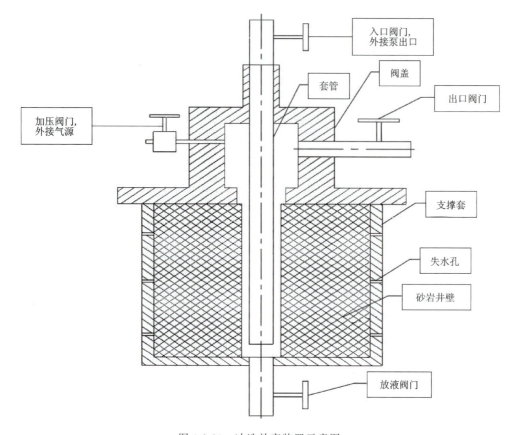

图 4-1-10 冲洗效率装置示意图

式中：A 为冲洗率(%)；G_0 为模拟岩芯质量或模拟套管质量(g)；G_1 为压泥饼后的模拟岩芯质量或模拟套管质量(g)；G_2 为冲洗后的模拟岩心质量或模拟套管质量(g)。

3) 实验方法

根据模拟井筒装置来确定实验方法，整个过程完全模拟井下顶替过程，以期达到实验严谨的目的。①实验之前要检查所有阀门都处于关闭状态，实验之前把模拟岩芯和套管一直浸泡在水中，准备实验时再取出，并自然晾干 30min，然后称重得到 G_0，再放回到模拟井筒内；②倒入预先配制好的钻井液，盖好密封盖，打开加压阀门加 3.5MPa 压力养护 30min；③关闭加压阀门，并打开出口阀门进行泄压，再打开放液阀门放出多余的钻井液，取出砂岩和套管，称重得到 G_1；④把砂岩放回到模拟井筒内，盖好阀盖，入口阀门处接泵的出口，出口阀门处外接管线回流到冲洗液处，关闭加压阀门，打开出口阀门和放液阀门，并启动泵，调至预先计算好的排量，开始进行模拟冲洗，冲洗后取出模拟岩芯和套管自然悬干 30min，并称重得到 G_2；⑤按照式(4-1-3)进行计算，即得到冲洗效率。

按照以上实验设计，分别用清水和 FLUSHER 冲洗液进行模拟套管和模拟井壁的冲刷效率对比试验，在冲刷 5min 和 10min 时间下，评价清水和冲洗液对模拟套管和模拟井壁的冲刷效率(表 4-1-3、表 4-1-4)。

4 页岩气固井液体系

表 4-1-3 模拟套管的冲洗效率

项目	G_0/g	G_1/g	G_2/g	冲洗率%
清水冲 5min	1 254.3	1 264.6	1 256.8	75.7
FLUSHER 冲 5min	1 254.3	1 265.1	1 254.3	93.1
清水冲 10min	1 254.3	1 265.9	1 255.2	89.4
FLUSHER 冲 10min	1 254.3	1 266.2	1 254.3	98.5

用清水模拟冲洗的时候,粘附在套管上的钻井液不能很好地冲刷掉,冲洗效率较差,而 FLUSHER 冲洗效果明显,接触时间 5~10min 冲洗效率都可达到 93% 以上,显示出优异的冲洗效果。

表 4-1-4 模拟井壁的冲洗效率

项目	G_0/g	G_1/g	G_2/g	冲洗率%
清水冲 5min	1 822.4	1 841.3	1 830.7	56.1
FLUSHER 冲 5min	1 898.7	1 912.4	1 900.3	90.3
清水冲 10min	1 843.6	1 862.3	1 850.4	63.6
FLUSHER 冲 10min	1 824.9	1 843.2	1 826.4	93.8

由上表所示实验结果可以看出,清水的冲洗效果很差,这说明它很难渗透到油基泥饼中,而 FLUSHER 冲洗液具有较好的冲洗效果,有助于改善井壁的水润湿状态。

2. FLUSHER 冲洗液与水泥浆及清洗液的相容性

冲洗液和清洗液与水泥浆的相容性,关系到固井施工的安全性,根据 API RP 10B-2 水泥浆试验标准,评价了不同比例的冲洗液、清洗液、水泥浆混合物的流变性能,观察流变变化趋势;并用 R 值来定量描述多项流体间的兼容性(Shadravan et al.,2015a;2015b;Singh et al.,2017),兼容性指数 R=(混合浆体 100rpm 最大读值)−(单一浆体 100rpm 最大读值)。R 值与兼容性的定量关系如表 4-1-5 所示。

表 4-1-5 R 值与兼容性的定量关系表

R	兼容性
<0	完全兼容
0~40	兼容性良好
40~70	兼容性差
>71	完全不兼容

1)冲洗液与水泥浆相容性评价

实验评价了冲洗液与水泥浆不同比例混合液的流变性,通过流变性能变化观察两者之间的相容性(表 4-1-6)。

表 4-1-6　冲洗液与水泥浆的相容性

冲洗液∶水泥浆	Φ600	Φ300	Φ200	Φ100	Φ6	Φ3	R 值
0∶100	—	223	164	91	8	5	<0
10∶90	245	142	101	56	5	3	<0
25∶75	137	78	55	28	3	2	<0
50∶50	66	48	27	15	2	1	<0
75∶25	30	15	10	6	—	—	<0
90∶10	6	4	3	2	—	—	<0
100∶0	4	2	2	1	—	—	<0

由实验数据可看出,冲洗液与水泥浆相容性良好,不同比例混合兼容性指数 R 值始终小于 0,根据相容指数评价标准,说明水泥浆与冲洗液呈完全兼容状态。

2)冲洗液、清洗液与水泥浆三相流体相容性评价

现场作业程序中,首先注入清洗液,其次注入冲洗液,再注入水泥浆,这三项流体在井筒内存在混合的概率,出于作业安全考量,室内评价了清洗液、冲洗液以及水泥浆三相流体的相容性,可以为现场施工作业提供指导(表 4-1-7)。

表 4-1-7　水泥浆与清洗液、冲洗液的三相流体相容性实验

水泥浆/%	清洗液/%	冲洗液/%	Φ600	Φ300	Φ200	Φ100	Φ6	Φ3	R 值
75	25	—	165	98	65	35	2	1	<0
50	50	—	43	23	18	9	1	1	<0
25	75	—	20	10	8	5	1	0.5	<0
75	—	25	108	60	42	22	2	1	<0
50	—	50	32	15	12	7	1	1	<0
25	—	75	10	6	3	1.5	—	—	<0
70	10	20	95	50	36	20	2	1	<0
10	45	45	17	10	6	3	—	—	<0

从表 4-1-7 的数据可以看出,水泥浆、清洗液和冲洗液三相流体均具有良好的兼容性。三相流体不同比例混合液其 R 值始终小于 0,根据兼容性评价标准,说明水泥浆与冲洗液、清洗液三者呈现完全兼容的状态。

3.冲洗液对水泥浆稠化及水泥石强度的影响分析

水泥浆的稠化性能是保证水泥浆安全泵送的基础,稠化性能包括稠化时间和稠化转化时间,而水泥浆抗压强度是封隔层间和封固管柱的基础。在固井作业中冲洗液与水泥浆分先后顺序注入井筒,冲洗液与水泥浆互混概率较高。室内对不同比例冲洗液与水泥浆互混流体的稠化时间和抗压强度进行了实验,以评价不同比例冲洗液侵入水泥浆,对水泥浆性能的影响程度(表 4-1-8)。

表 4-1-8 冲洗液对水泥浆稠化时间和抗压强度的影响

冲洗液:水泥浆(体积比)	稠化时间(87℃×24MPa)/min	抗压强度/MPa
0:100	205	28.3
5:95	222.9	27.6
25:75	>400(未稠)	11.4

注:冲洗液配方:100%清水+6%FLUSHER(需要加重时添加加重剂)。

由表 4-1-8 可见,随冲洗液混入比例增大,水泥浆稠化时间呈现延长趋势,抗压强度呈现降低趋势。当混入 25%冲洗液后,水泥浆抗压强度降低比例达 59.7%。这有可能是冲洗液混入,对水泥浆起到了稀释作用,降低了单位体积水泥浆中水泥所占比例。总体上看,25%比例混入冲洗液,水泥浆抗压强度依然可达 11.4MPa,说明冲洗液稀释了水泥浆,但不会对水泥固化产生不利影响。

4.1.3 现场应用实践

4.1.3.1 应用效果

国内页岩气井水平段钻进大部分采用油基钻井液,在固井作业中,对于油基钻井液的清除是一项重要且关键的工作。在涪陵页岩气开发中,通过采用 VERSACLEAR 清洗液加FLUSHER 冲洗液的 2 段式前置液设计(表 4-1-9),目前已应用 400 余井次,现场作业顺利,无一起复杂事故,为保障水泥环有效胶结提供了良好的井筒环境。

表 4-1-9 VERSACLEAR-FLUSHER 混合冲洗液现场应用情况

序号	井号	完钻井深/m	最大垂深/m	清洗液使用量/m³	冲洗液使用量/m³
1	焦页 XX-1HF 井	5692	3765	25	10
2	焦页 XX-1HF 井	5655	3718	25	10
3	焦页 XX-1HF 井	5659	3768	25	10
4	焦页 XX-S3HF 井	4505	2599	25	10
5	焦页 XX-1HF 井	5680	3643	25	10
6	焦页 XX-5HF 井	5965	2604	35	10
7	焦页 XX-3HF 井	5215	2870	25	10
8	焦页 XX-S1HF 井	4610	2420	30	10
9	焦页 XX-1HF 井	5540	3631	25	10
10	焦页 XX-S1HF 井	4313	2483	25	10
11	焦页 XX-2HF 井	5924	3901	25	10

续表 4-1-9

序号	井号	完钻井深/m	最大垂深/m	清洗液使用量/m³	冲洗液使用量/m³
12	焦页 XX-4HF 井	6303	4080	25	10
13	大石 XX 井	1368	1368	20	8
14	焦页 XX-5HF 井	4870	2730	25	10
15	焦页 XX-3HF 井	5260	3620	25	10
16	焦页 XX-3HF 井	5870	3897	25	10
17	焦页 XX-4HF 井	4140	2280	25	10
18	焦页 XX-9HF 井	4597	2750	25	10
19	焦页 XX-5HF 井	5060	2609	30	10
20	焦页 XX-S1HF 井	4805	2323	25	10
…	…	…	…	…	…

针对井深 4500～7000m，水平段长 2000～4000m 的页岩气固井作业清洗液用量在 25～30m³ 左右，冲洗液用量在 10m³ 左右。实际生产过程中可以根据井深和水平段长调整清洗液与冲洗液用量，以满足正常顶替排量下，清洗液界面冲刷时间以不少于 7min 为准。

4.1.3.2 典型案例

以焦页 XXHF 井生产套管固井为例，以下进行详细介绍。

1.基础数据

焦页 XXHF 井为江汉油田分公司部署的一口评价水平井，位于重庆市涪陵区焦石镇，地质构造为川东南地区川东高陡褶皱带万县复向斜焦石坝断背斜带，完钻井深 5965m，水平段长 3065m。钻井施工中油基钻井液密度 $1.50g/cm^3$，固井施工时环空当量密度高于 $1.58g/cm^3$，固井施工时可能存在漏失风险，固井质量难以保障。

2.固井技术难点

(1)页岩气超长水平井套管下入摩阻大，套管居中困难；

(2)页岩气超长水平井油基钻井液清洗难度较大：①需要优化前置液配方；②需要优化前置液用量；③需要优化前置液冲刷排量。

(3)页岩气超长水平井固井水泥浆体系防窜、韧性要求高：①需要优化水泥浆配方；②需要优化水泥石韧性；③需要优化水泥浆防窜性。

(4)页岩气超长水平井固井工艺要求高：①需要优化段塞设计；②需要减少注替排量；③需要优化环空加压。

3.体系性能

清洗液对油基钻井液的清洗效果如图 4-1-11、图 4-1-12。

现场运用的前置液的清洗效率可达 91%，见表 4-1-10。

图 4-1-11 油基钻井液清洗前效果

图 4-1-12 油基钻井液清洗后效果

表 4-1-10 清洗效率

不同测试阶段砂纸质量/g			清洗效率/%
G_0	G_1	G_2	91
2.63	4.66	2.81	

密度为 1.55g/cm³ 的清洗液到达临界排量为 1.17m³/min;密度 1.00g/cm³ 的冲洗液达到临界排量仅为 0.3m³/min(表 4-1-11)。

表 4-1-11 清洗液临界排量计算

段塞	密度/(g·cm⁻³)	Φ600/Φ300	Φ200/Φ100	Φ6/Φ3	n	K/Pa·sn	临界排量/(L·s⁻¹)
清洗液	1.55	17/6	6/3	1/1	0.90	0.01	19.52
冲洗液	1.00	15/5	4/2	1/1	0.87	0.01	2.27

4.应用效果

1)现场施工

现场固井施工先后注入 1.53g/cm³,加重清洗液 35m³,1.00g/cm³ 冲洗液 10m³,1.55g/cm³ 低密度领浆 54m³,1.88g/cm³ 常规密度尾浆 90m³,水泥混浆返出地面并成功碰压,固井施工顺利完成。焦页 XXHF 井固井施工过程井口压力如图 4-1-13 所示。

2)固井质量

通过优化清洗液清洗效率和采用两段式水泥浆体系,不仅安全顺利完成固井施工,且获得了优质的固井质量,图 4-1-14 为焦页 XXHF 井固井测井曲线。

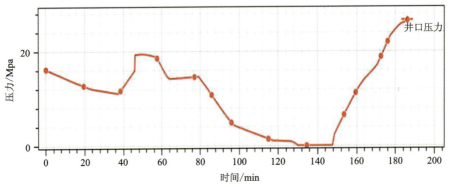

图 4-1-13　焦页 XXHF 井固井施工过程井口压力

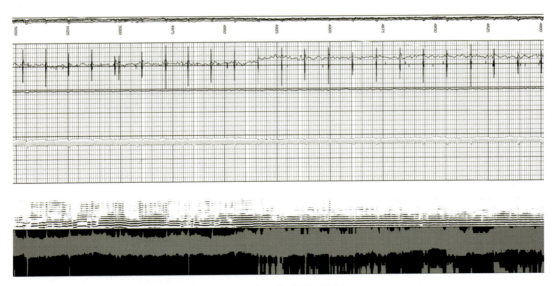

图 4-1-14　焦页 XXHF 井固井质量评价图（4800～5050m）

5. 结论与认识

清洗液和冲洗液能够有效清除油基钻井液油膜，能够提升界面润湿反转性能。通过应用效果及典型案例分析，固井前置液应用效果显著，为提高油基钻井液顶替效率和提高水泥环界面的胶结质量发挥了重要作用。前置液用量设计可以根据实际生产情况进行调整，应综合考虑井深、水平段长以及固井施工排量等因素，结合试验评价结果，在适当排量下，至少满足前置液对界面冲刷 7～10min 的要求。

4.2　自修复水泥浆体系

现有的水泥基材料自修复技术主要有微胶囊自修复、液芯自修复、渗透结晶自修复和聚合物自修复等（刘萌等，2015）。由于水泥石具有脆性特征，井下温度、压力波动、钻塞、射孔和压裂改造均有可能造成水泥环破损，产生微裂缝，当水泥环破裂达到一定程度时，会出现层间窜通，形成油气水窜流通道，严重时甚至会出现套管环空带压问题（王胜翔等，2020；刘萌等，

2015)。自修复水泥浆体系是一种自动响应修复裂缝的水泥浆体系,体系中的活性自修复材料能够遇油气膨胀并生成水化硅酸钙,可以对裂缝进行有效填补,实现微裂隙的修复,保障水泥环的密封性(刘俊君等,2021)。

4.2.1 作用机理

自修复材料能够部分或完全愈合施加在其上的损伤,通过在基体中添加可激活修复材料,来实现损伤后基体微裂缝的自修复功能(Hager et al.,2010),其自愈合过程如图4-2-1所示。当水泥环产生微裂缝或微环隙时,地层油气发生层间窜流,碳氢化合物将激活自修复材料,发生膨胀,自动封堵窜流通道,恢复水泥环的完整性,达到防止气窜和环空带压的目的。

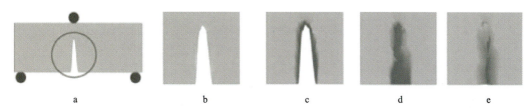

图4-2-1 自修复材料的作用效果图(据 Hager et al.,2010)
a.机械载荷引起裂纹;b.裂缝;c.诱导"流动相";d."流动相"闭合裂缝;e.自修复后的裂纹

自修复材料是一种在物体由于各种原因受损时能够进行自我修复的新型功能材料。在考察国内外自修复技术的基础上,将微胶囊与渗透结晶自修复理念相结合,实现智能响应。通过优选遇芳香烃类高效反应的亲油性单体构成的低交联度聚合物,以该高溶胀率的自溶胀型材料为基础,复合部分无机矿物材料,选用合适的微球包覆方法将其制备成为功能性微球(图4-2-2、图4-2-3)。

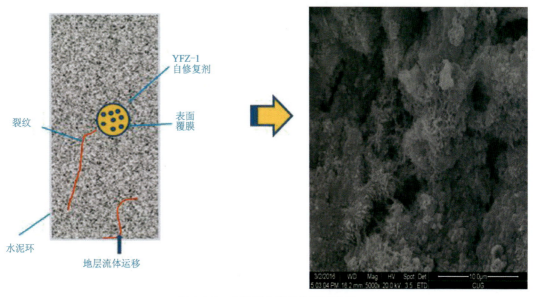

图4-2-2 水泥环自修复作用示意图

图 4-2-3 自修复水泥石修复微环隙和裂隙的示意图(据 Schlumberger,2021)

根据水泥石微裂缝的微观形貌对比,在水泥石产生微裂缝后,地层烃类流体沿裂纹进入水泥环,破坏活性自修复材料表面有机覆膜结构,缓慢释放出高活性的 OH^-;溶液中的 OH^- 不仅可以破坏 Ca-O 键,还使相当数量的 Si-O 键和 Al-O 键断裂,井内高温环境可以强化 OH^- 的极化作用,胶凝硬化的水泥水化产物部分溶解形成硅酸根、铝酸根和硅铝酸根等活性单体,其化学反应方程式如图 4-2-4 所示。

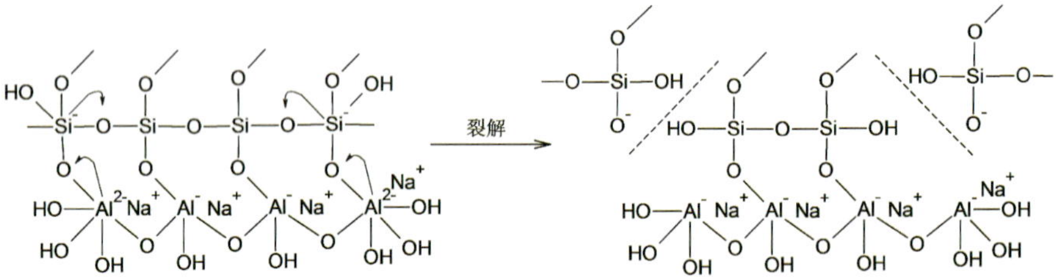

图 4-2-4 碱破坏化学键示意图

活性单体在正压差和浓度梯度作用下迁移进入水泥石微裂缝,与水泥石断面高浓度的 Ca^{2+} 反应生成水化硅酸钙和钙矾石等胶凝物质;随着反应的进一步深化,在微裂缝处形成三维网络状胶凝结构,这些物质将水泥石断面有机的胶结成一个整体,达到有效修复微裂缝和微环隙的目的,阻挡油气进一步窜流,防止套管环空带压现象的发生。

4.2.2 水泥浆性能

水泥石的力学性能决定其层间封隔能力,通过研究活性自修复水泥石的强度恢复率评价其修复能力,从而研究水泥环完整性恢复能力。为表征活性自修复水泥浆体系的水泥环二次封固能力,从水泥石抗压强度恢复和胶结强度恢复等方面分别进行了室内性能评价。推荐的

4 页岩气固井液体系

配方是:嘉华 G 级油井水泥+2%~3%降失水剂+0.5%~2.0%自愈合剂+0.5%~1%膨胀剂+0.4%~0.6%分散剂+45.6%现场水+0.1%消泡剂。

4.2.2.1 抗压强度恢复性能

通过测试经过预损伤的自修复水泥石在油气介质中养护一定时间后抗压强度的恢复情况来评价自修复水泥浆的修复能力。

当水泥环发生环空窜流时,接触的地层流体介质主要是油、气或水,模拟实验油气介质以安全、相似、易得的原则进行选择。可选择的油气养护介质见表 4-2-1,为保证实验安全,选择采用柴油作为养护介质。

表 4-2-1 可选择的油气养护介质

介质	组成	碳原子数	沸点
页岩气	甲烷占绝大多数的烷烃	1~4	沸点−161℃,甲烷爆炸极限 5%~15%
页岩油	烷烃、环烷烃、芳香烃的混合物	>6	沸点常温−500℃,易燃易爆
汽油	脂肪烃类和环烷烃类	4~10	沸程 30~205℃,爆炸极限 1.0%~6%
煤油	含有烷烃 28%~48%,芳烃 20%~50%,不饱和烃 1%~6%,环烃 17%~44%	11~17	沸程 110~310℃,爆炸极限 0.7%~5%
柴油	复杂的烃类混合物	10~22	轻柴油(沸点范围 180~370℃)和重柴油(沸点范围 350~410℃),爆炸极限 1.5%~4.5%

根据 API-10B 标准配制水泥浆,在 75℃条件下常压水浴养护 48h;水泥浆固化后脱模形成标准水泥石块,采用匀加荷压力试验机将水泥石进行不同程度的预损伤,记录其抗压强度值;在注入模拟地层流体条件下分别养护 5d 和 13d,测试水泥石二次抗压强度值;计算水泥石在不同流体养护条件下的抗压强度恢复率从而研究其抗压强度恢复性能(图 4-2-5、图 4-2-6)。

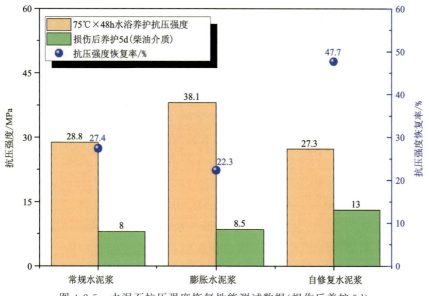

图 4-2-5 水泥石抗压强度恢复性能测试数据(损伤后养护 5d)

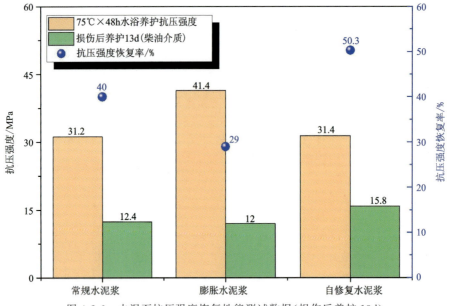

图 4-2-6　水泥石抗压强度恢复性能测试数据（损伤后养护 13d）

由图可知，活性自修复水泥浆体系较常规水泥浆体系和膨胀水泥浆体系抗压强度恢复率提高 20%～40%，对预损伤水泥石有较好的抗压强度恢复能力，在油气介质条件下亦可有效修复水泥石内部微裂隙，保证水泥石密封完整性。

4.2.2.2　界面胶结强度恢复性能

水泥石的界面胶结强度是评价水泥石与套管或地层界面胶结作用强弱的指标，良好的胶结强度有利于保持水泥环对井筒的密封完整性，阻挡油气水沿环空窜流，降低套管环空带压风险。

根据破坏界面受力分析推断得出水泥石柱与模拟套管界面胶结强度，计算公式为：

$$P = \frac{F}{S_c} = \frac{F}{\pi h D} \tag{4-2-1}$$

式中：F 为最大抗剪切力（N）；D 为模拟套管内径（mm）；h 为水泥石柱高度（mm）；P 为界面胶结强度（MPa）。

由图 4-2-7 可知，活性自修复水泥浆体系比常规水泥浆和膨胀水泥浆体系胶结强度恢复率提高 17%～22%，具有良好的水泥环界面胶结强度恢复能力，有利于实现水泥环对井筒环空的二次密封。

4.2.2.3　渗透率恢复性能

使用岩芯流动装置的夹持器提供的环压，模拟地层对水泥环的夹持应力，使用钢瓶气压驱动流动介质（油、水）模拟地层中流体的流动作用。取环压为 2.5MPa、测试压力 1.5MPa，评价测试水泥石的渗透率。

4 页岩气固井液体系

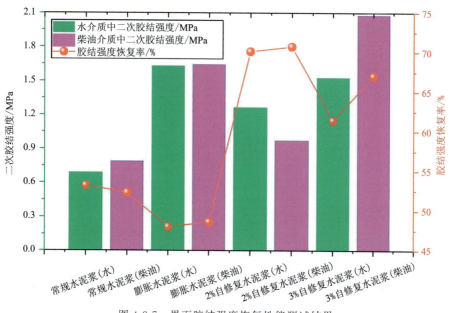

图 4-2-7 界面胶结强度恢复性能测试结果

根据达西渗流公式,计算水泥石的气体渗透率,通过测试水泥石破坏前后的渗透率,计算渗透率的恢复情况,以此来评价自修复水泥浆体系的渗透率恢复能力。渗透率计算公式为

$$K_g = \frac{2p_0 Q_0 \mu_g L}{A(p_1^2 - p_2^2)} \quad (4\text{-}2\text{-}2)$$

式中:K_g 为气体渗透率($10^{-3} \mu m^2$);Q_0 为测试流量(cm^3/s);A 为岩样截面积(cm^3);L 为岩样长度(cm);μ_g 为气体黏度($mPa \cdot s$);p_1、p_2 分别为岩样测试下端压力和上端压力(MPa);p_0 为大气压力。

渗透率恢复率计算公式为

$$\alpha = \frac{K - K_i}{K} \%$$

由表 4-2-2 可知,自修复水泥石在经过预损伤 30% 后,渗透率恢复率达到 52.74%;在经过预损伤 50% 后,渗透率恢复率达到 65.77%,故自修复水泥浆体系显示出良好的渗透率修复能力。

表 4-2-2 自修复水泥石气体渗透率测试数据

试样	损伤程度/%	修复前渗透率 $K/10^{-3} \mu m^2$	修复后渗透率 $K/10^{-3} \mu m^2$	渗透率恢复率/%	修复能力
自修复水泥石	30	33.56	15.86	52.74	优
	50	57.35	19.54	65.77	优

4.2.3 现场应用实践

4.2.3.1 应用效果

自修复水泥浆体系在涪陵工区焦页 XX-S1HF 井等 12 口技套固井施工中进行了现场试验,施工作业安全连续,固井合格率 100%,表层套管环空带压问题治理效率 100%。其中 10 口井固井施工后无带压现象;而 2 口井出现带压现象,经敞压后,表层套管带压现象消失,体现了良好的自修复效果。该体系实现了对破碎水泥环的智能修复,形成"水泥环二次密封",有效解决了水泥石破碎之后导致的套管环空带压问题,对预防套管环空带压问题起到了较好的作用(图 4-2-8,表 4-2-3)。

图 4-2-8 自修复水泥浆技套固井现场施工图

表 4-2-3 自修复水泥浆现场应用情况

序号	井号	密度/(g·cm^{-3})	封固段/m	表套压力/MPa	备注
1	焦页 XX-4HF 井	1.88	500~1200	0	/
2	焦页 XX-3HF 井	1.88	1000~1800	0	固井后表套压力 5.8MPa,放压后为 0MPa
3	焦页 XX-1HF 井	1.88	400~1200	0	
4	焦页 XX-2HF 井	1.88	300~1000	0	固井后表套压力 3.2MPa,放压后为 0MPa
5	焦页 XX-8HF 井	1.88	300~1100	0	
6	焦页 XX-S4HF 井	1.88	400~1000	0	
7	焦页 XX-S1HF 井	1.88	200~950	0	

续表 4-2-3

序号	井号	密度/(g·cm^{-3})	封固段/m	表套压力/MPa	备注
8	焦页 XX-S4HF 井	1.88	300～1050	0	
9	焦页 XX-S2HF 井	1.88	200～850	0	
10	焦页 XX-5HF 井	1.88	150～850	0	
11	焦页 XX-6HF 井	1.88	150～850	0	
12	焦页 XX-S4HF 井	1.88	200～800	0	

4.2.3.2 典型案例

以焦页 XX-S4HF 井为例,作详细介绍。

1. 基础数据

焦页 XX-S4HF 井设计井深 5600m,导眼井深 60m,导管下深 60m,一开井深 508.00m,套管下深 506.33m,二开钻至中完井深 2432m,技套下深 2429m。

2. 固井技术难点

该井二开地层复杂,上部龙潭组、茅口组、栖霞组都含有灰黑色碳质泥页岩,井壁不稳定;下部韩家店、小河坝组井段承压能力较低,下套管及固井施工过程中漏失风险极大。

3. 体系性能及效果

1) 体系性能

自修复水泥浆中自修复材料的加入并不会影响水泥浆的流变性和失水量,有良好的沉降稳定性和稠化时间可控性,且 24h 抗压强度达 23.5MPa,能够满足技术套管固井技术要求 (表 4-2-4)。

表 4-2-4 自修复水泥浆性能

项目	YFZ-1 自修复水泥浆
水泥浆密度/(g·cm^{-3})	1.88
流变参数(20℃) Φ600/Φ300/Φ200/Φ100/Φ6/Φ3	218/128/92/52/10/8
API 失水量(52℃×6.9MPa×30min)/mL	46
沉降稳定性/(g·cm^{-3})	0.01
初始稠度/Bc	12
稠化时间(52℃)/min	104
抗压强度(52℃×0.1MPa×24h)/MPa	23.5

2) 现场施工

采用正注反挤固井,正注上返至韩家店组顶部 300m(1200m)。

正注程序:水泥浆密度为 1.88g/cm³(稠化时间 160～220min),控制水泥浆的失水量小于

100mL,采用常规防窜水泥浆体系。

反挤程序：水泥浆密度为 1.90g/cm³（稠化时间 90～120min），控制水泥浆的失水量小于 150mL，采用自修复水泥浆体系。

正注水泥浆 45m³，压胶塞 4.0m³，替泥浆 87m³，碰压 10MPa 至 15MPa。关环空候凝 1h，反挤自修复水泥浆 56m³，关环空候凝。

3）固井质量评价

焦页 XX-S4HF 井声波变密度测井结果显示（图 4-2-9），固井质量合格，返高 40m，反挤段与正注段形成很好的衔接，40～2524m 水泥封固段连续，优质率达到 98.4%，且固井一界面与固井二界面胶结质量优良，表套环空不带压，显示出良好的应用效果。

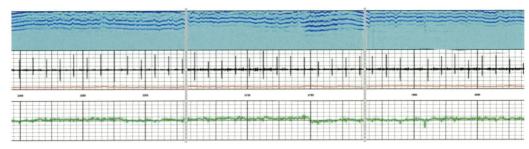

图 4-2-9　焦页 XX-S4HF 井声波变密度测井曲线

4. 结论与认识

自修复水泥浆体系现场应用效果显著，尤其在固井后环空带压情况下，采用敞压措施后环空不带压，实现了环空的"二次密封"，为页岩气井套管环空带压预防和控制提供了新的途径。

4.3　高强低密度防漏水泥浆体系

随着勘探开发的不断深入，钻遇水平段漏失井不断增多，且普遍存在承压能力低，压力窗口窄，易发生气窜的现象，严重影响固井质量，由此形成了相应的低密度领浆水泥浆技术体系（郝海洋等，2020；罗杨等，2009）。从最初的利用四川嘉华水泥厂低密度灰配制低密度领浆体系，到漂珠低密度水泥浆体系、膨胀珍珠岩低密度水泥浆体系，再到现在的高强低密度水泥浆防漏体系，每一项技术的发展无不是为了解决现场的实际问题和"降本提质增效"的目标而提出。

4.3.1　作用机理

通过研究水泥及其填充材料的颗粒粒径分布，优化材料的配比，提高水泥浆固相材料的堆积率，使得颗粒之间达到紧密堆积。紧密堆积理论被广泛应用于低密度、超低密度水泥浆体系和高密度、超高密度水泥浆体系的设计中（图 4-3-1）。通过优化水泥和外掺料之间的颗粒分布，使颗粒之间的空隙减小，降低

图 4-3-1　紧密堆积理论设计水泥浆结构图

水灰比，从而提高水泥浆体系的整体性能。

油井由水泥、漂珠、玻璃微珠、粉煤灰、膨润土等减轻材料和微硅、超细水泥、超细矿渣等增强材料组成，颗粒的堆积性质对最终形成的水泥石性能有重要影响。表征颗粒堆积状态的一个重要参数是堆积率（PVF），其定义为体系中固体颗粒实际体积与表观体积的比值，即

$$\text{PVF} = \frac{V_{实际}}{V_{表观}} = \frac{\rho_{实际}}{\rho_{表观}} \tag{4-3-1}$$

对紧密堆积理论的研究，研究者们提出了诸如 Horsfield 模型、Aim 和 Goff 模型、线性堆积模型、CPM 模型、Tsivilis 分布、Fuller 分布、Andreason 方程、RRSB 方程等，为混配高性能水泥浆提供了较好的理论基础。连续级配堆积模型是主要针对连续粒度分布的颗粒体系，比较典型的模型主要有 Fuller 曲线、DFE 等，与实际更加符合。

1. Fuller 曲线

1907 年，Fuller 和 Thompson 提出理想筛析曲线（Fuller 曲线），用来计算砂浆和混凝土中集料达到最佳堆积密度时所需要的颗粒分布，公式为

$$U(X) = 100 \left(\frac{X}{X_{\max}}\right)^n \tag{4-3-2}$$

式中：$U(X)$ 为筛孔尺寸为 X 时的筛析通过量（按其体积计算）(%)；X 为筛孔尺寸（mm）；$X_{\max}$ 为集料的最大颗粒直径（mm）；n-Fuller 指数，$n=0.5$，适用于连续粒度分布的球形颗粒。

2. DFE

1928 年，Andreasen 以"统计类似"为基础来描述颗粒的粒度分布状况，提出了如下堆积模型：

$$U(D) = 100 \left(\frac{D}{D_L}\right)^n$$

式中：$U(D)$ 为小于粒径 D 颗粒的体积百分含量(%)；D_L 为体系中最大颗粒的粒径（μm）；D 与 $U(D)$ 对应的颗粒尺寸（μm）；n 为分布模数，无量纲，与 Fuller 指数意义相同。

Andreasen 认为，各种分布的孔隙率随方程中分布模数 n 值的减小而下降，当 $1/2 \leqslant n \leqslant 1/3$ 时，孔隙率最小，而 n 远小于 $1/3$ 是没有意义的。

通过在颗粒分布中引入有限小颗粒尺寸，考虑当 $D=DS$ 时，$U(D)=0$，对 Andreasen 方程进行了修正，得到如下方程

$$U(D) = 100 \frac{D^n - D_S^n}{D_L^n - D_S^n} \tag{4-3-3}$$

式中：D_S 为粉体中最小颗粒的粒径（μm）；其他同 Andreasen 公式。

国内罗扬等（2009）选用以漂珠、水泥、玻璃微珠以及微细水泥为主体的四级颗粒填充结构体系，设计出了一种密度为 $1.15\sim1.30\text{g/cm}^3$ 的超低密度高性能水泥浆，并率先在实验室模拟出了超低密度水泥浆返至地面的室温候凝施工过程。Schlumberger 公司设计的 LiteCRETE 体系，干混合物的 PVF 可超过 0.80，水泥浆密度最低可至 0.96g/cm^3，密度为 1.20g/cm^3 的水泥浆的 24h 强度大于 14MPa。3M 公司配制出的 1.4g/cm^3 HGS 玻璃微珠低密度水泥浆体系，由于提高了微珠的抗压强度，体系的抗压强度显著增强，且抗剪切强度和杨氏模量接近泡沫水泥浆体系。然而，国外强度高、破碎率低的漂珠价格昂贵，不符合当前工区

页岩气开采"降本增效"的发展形势,优化设计性能、优良经济型高强低密度防漏水泥浆体系成为当务之急(表4-3-1)。

表 4-3-1 常用减轻材料的基本性能参数

减轻材料	主要成分	主要来源	材料密度/(g·cm^{-3})	浆体密度/(g·cm^{-3})
空心微珠	耐热碱石灰硼硅酸盐	—	0.46~0.62	0.90~1.40
漂珠	SiO_2、Al_2O_3	电厂煤粉燃烧废料	0.70~0.75	1.33
膨润土	SiO_2、Al_2O_3	膨润土矿	2.30~2.50	1.60
粉煤灰	SiO_2、Al_2O_3	电厂煤粉燃烧废料	—	1.55
微硅	SiO_2	金属硅冶炼副产品	2.50~2.60	—
氮气	N_2	空气	1.25	<1.00
液体减轻剂	纳米活性硅溶液	—	1.20	1.50

目前常用的减轻材料中仅有空心微珠、漂珠和氮气可以配置密度小于1.40g/cm^{3}的超低密度水泥浆体系;泡沫水泥浆虽然可以使水泥浆密度低于1.00g/cm^3,但是其在压力作用下,密度升高很快,所以在井底条件下,泡沫水泥浆的实际密度并不低,而且泡沫水泥浆需要比较复杂的工艺设备。其他减轻材料配制的水泥浆存在配制工艺复杂、沉降稳定性差、水泥石强度低、渗透率高、易开裂(如膨润土、粉煤灰、矿渣体系)等缺陷,不能满足低压易漏失层段固井作业的要求。通过调研和对比试验研究,以颗粒级配理论为基础,确定了早强低密度水泥浆的水泥和减轻材料、增强材料等外加剂,设计多组干混材料并配制低密度水泥浆,对水泥浆的流变性和水泥石的质量性能进行室内实验评价,得出不同密度的干混料最佳配比,较好地解决了低密度水泥浆配制和强度不合格两方面的难题,提高了低压易漏井的井筒完整性(郝海洋等,2020)。

4.3.2 水泥浆性能

鉴于涪陵地区储层段地层压力系数低,采用常规密度水泥浆固井作业时易产生漏失,造成储层伤害,且固井质量难以保证,影响后期水泥环的完整性。通过一期和二期工程的有效开展,产层套管层段固井时,采用了双凝双密度水泥浆技术体系,其浆柱结构有效降低了固井施工时储层承受的液柱压力,可预防或者改善低承压地层的漏失(许明标等,2014;张国仿等,2014;何吉标,2017;吴雪平等,2014)。双凝双密度水泥浆技术双凝面通常设计在技术套管套管鞋以上200m处以上,领浆采用高强低密度防漏水泥浆体系,尾浆采用相应的弹韧水泥浆体系。

4.3.2.1 低密度范围

常规低密度采用漂珠、微硅、粉煤灰等减轻材料进行配方调试,为进一步保障低密度水泥浆体系的稳定性,以降低减轻材料用量并简化混灰工艺流程,通常采取G级油井水泥(JH-1.45)低密度成品灰进行调试,通过调整常规灰与低密度灰的掺灰比例调节领浆密度,测试冷热浆流变及沉降稳定性,确定不同密度区间最优常规灰与低密度灰掺混比例(表4-3-2)。

4 页岩气固井液体系

表 4-3-2　1.45～1.70g/cm³ 密度区间领浆配方常规灰与低密度灰比例优化

序号	密度/(g·cm⁻³)	JH-G/g	JH-1.45/g	常温流变 Φ600/Φ300/Φ200/Φ100/Φ6/Φ3	75℃流变 Φ600/Φ300/Φ200/Φ100/Φ6/Φ3	沉降/(g·cm⁻³)
1	1.35	0	500	215/122/87/52/7/5	150/87/63/37/5/4	0.03
2	1.40	0	500	222/136/99/57/9/8	153/97/75/47/8/7	0.02
3	1.45	0	500	285/173/127/76/11/7	156/91/67/38/6/4	0.02
4	1.50	100	400	277/170/126/77/13/9	176/111/83/52/10/7	0.01
5	1.60	200	300	268/152/114/68/13/8	144/87/65/40/7/5	0.01
6	1.65	300	380	246/147/108/64/9/7	141/81/60/35/5/4	0.00

4.3.2.2　防气窜性能

将水泥浆稠化过渡时间与水泥浆失水速率综合考虑为水泥浆防气窜系数(SPN)，具体表达式为

$$\mathrm{SPN} = FL_{\mathrm{API}} \frac{\sqrt{t_{100\mathrm{Bc}}} - \sqrt{t_{30\mathrm{Bc}}}}{\sqrt{30}}$$

式中：SPN 为水泥浆性能系数，无因次；FL_{API} 为水泥浆 API 失水量(mL)。$\sqrt{t_{100\mathrm{Bc}}}$、$\sqrt{t_{30\mathrm{Bc}}}$ 为水泥浆稠度为 100Bc 和 30Bc 的时间(min)。

SPN 值是评价水泥浆防气窜性能的参数，反映了水泥浆失水量及水泥浆凝固过程阻力变化系数对防气窜的影响。

SPN 值一般评价标准：SPN 值为 1～3 时，防气窜效果好；SPN 值为 3～6 时，防气窜效果中等；SPN 值大于 6 时，防气窜效果差。

通过添加不同加量的缓凝剂，测试 70℃×35MPa×30min 条件下，高强低密度防漏水泥浆的稠化时间与缓凝剂加量成线性关系，拟合度达 0.99，符合 $T=87.71+492.86·A$ 直线 [T 为稠化时间(min)，A 为缓凝剂加量(%)]。而该体系的稠化转化时间基本在 13～15min，可以很好地防止水泥浆由液态到固态转变过程中井内流体窜流的发生(表 4-3-3、表 4-3-4、图 4-3-2)。

表 4-3-3　稠化时间测试实验结果

缓凝剂加量/%	稠化时间/min	初始稠度/Bc	稠化转化时间/min	SPN 值
0.20	185	14.3	15	2.12
0.30	239	13.1	13	2.08
0.36	263	12.0	15	2.02

表 4-3-4　1.45g/cm³ 低密度水泥石渗透率及孔隙度测试结果

液体防气窜剂加量/%	渗透率/mD	孔隙度/%
0	0.67	33.42
1.5	0.18	28.05
2.0	0.15	26.79
2.5	0.13	26.42
3.0	0.09	25.26

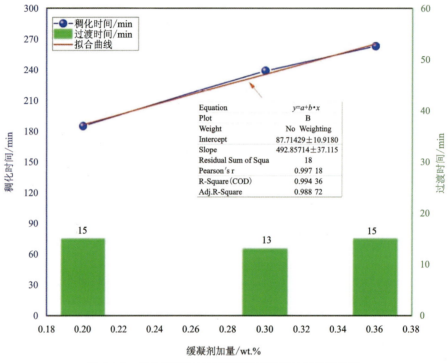

图 4-3-2　稠化时间与过渡时间随缓凝剂加量的变化图

上表给出了不同液体防气窜剂加量下,水泥石的渗透率及孔隙度改善情况。液体降失水剂具有优良黏结性、成膜性和化学活性的硅溶胶材料,增大水泥浆颗粒之间的黏结力和紧密度,提高低密度水泥浆体系的悬浮稳定性和防气窜能力。

4.3.2.3　早期强度发展

水泥石起强早和防气窜性能好,能够有效改善低密度水泥浆致密性和促进早期强度发展,提高水泥环的密封完整性,预防环空带压。

1. 高强低密度领浆密度 1.45g/cm³ 低密度水泥浆体系早期力学强度发展

为了研究高强低密度防漏水泥领浆的早期强度发展过程,以 1.45g/cm³ 和 1.65g/cm³ 密度的领浆体系为例,通过一系列实验评价该体系的强度发展过程(图 4-3-3)。

4 页岩气固井液体系

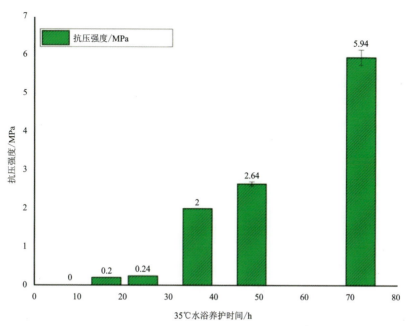

图 4-3-3　1.45g/cm³ 高强低密度水泥浆在 35℃ 水浴养护时早期强度发展图

由图 4-3-3 中的实验数据可看出,高强低密度水泥浆在最初的 8h 内尚未形成强度,水泥浆处于低速水化反应阶段,由于温度较低水泥水化速度较慢,反应生成的水化硅酸钙并未形成空间网状结构,因此没有形成宏观上的力学强度。而随着养护时间的延长,水化产物逐渐增多,水化硅酸钙彼此发生交联,24h 的样品成型,并具有一定的力学强度。当养护时间为 36h 时,水泥石强度快速增大到 2.0MPa,比 24h 样品增长了 733%,说明阶段水泥水化反应进入快速发展阶段,水泥浆中硅酸三钙和硅铝酸四钙的水化对强度发展起到了决定性作用。随后的 12h 内,强度慢速增长了 32%,达到 2.64MPa。当养护时间为 72h 时,水泥石强度达到 5.94MPa,能够起到支撑套管,封固顶部环空的作用。

表 4-3-5 给出了 1.45g/cm³ 高强低密度水泥浆在 70℃ 时的水浴养护早期强度数据,该温度条件模拟的是领浆底部的井底温度,当养护时间为 24h 时,水泥石抗压强度已达 6.56MPa,当养护时间为 48h 时,水泥石抗压强度达 10.60MPa。由此可见,井底温度对领浆水泥石强度发展具有较大的影响。而领浆底部的水泥环力学强度发展较快,有助于提高双凝面以上井段的封固质量。

表 4-3-5　1.45g/cm³ 高强低密度水泥浆在 70℃ 水浴养护早期强度数据

养护时间/h	压力峰值/kN	抗压强度/MPa	平均抗压强度/MPa
24	13.8	5.52	6.56
	19.0	7.6	
48	26.0	10.40	10.60
	27.0	10.80	

2. 领浆密度 1.65g/cm³ 高强低密度水泥浆体系早期力学强度发展

以领浆密度 1.65g/cm³ 水泥浆为例,研究了密度大小对水泥石早期强度发展的影响,具体实验数据见表 4-3-6。70℃水浴养护条件下,24h 的抗压强度达到 18.70MPa,当养护 48h 后,领浆水泥石抗压强度高达 21.80MPa。由此可见,当水泥浆密度增大时,浆体中固相较大,水泥浆水化产物中的水化硅酸钙能够较快地连接在一起,从而增大水泥块的骨架强度,使水泥石具有较大的强度,这也是为何养护 24h 水泥石强度可以达到 18.7MPa 的原因。

表 4-3-6　1.65g/cm³ 高强低密度水泥浆 70℃水浴养护早期强度数据

养护时间/h	压力峰值/kN	抗压强度/MPa	平均抗压强度/MPa
24	47.7	19.08	18.70
	45.8	18.32	
48	53.9	21.56	21.80
	55.1	22.04	

3. 高强低密度水泥浆体系早期力学强度发展对比分析

图 4-3-4 对比了 1.45g/cm³ 和 1.65g/cm³ 高强低密度水泥浆在 35℃以及 70℃水浴养护时水泥石抗压强度的大小。从图中可以发现,相同密度的水泥浆,养护温度升高时,抗压强度发展较快;相同养护温度和养护时间的样品,密度越高抗压强度越大。

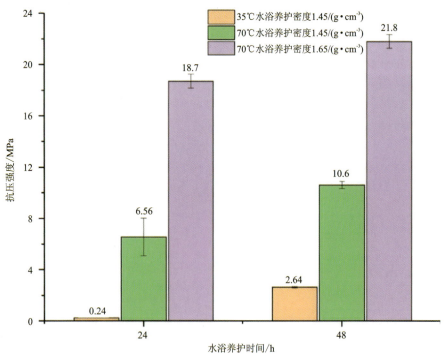

图 4-3-4　1.45g/cm³ 和 1.65g/cm³ 高强低密度水泥浆在 35℃
以及 70℃水浴养护时早期强度发展对比图

4.3.3 现场应用实践

4.3.3.1 应用效果

高强低密度防漏水泥浆体系在涪陵工区已应用400余口井,作为生产套管固井双凝双密度水泥浆体系的领浆,与韧性防窜胶乳水泥浆体系和抗高交变载荷水泥浆体系配合使用,在井筒承压低、易漏失地层的固井中获得了较好的现场应用效果。

4.3.3.2 典型案例

以焦页XX-6HF井为例,以下作详细介绍。

1. 基础数据

焦页XX-6HF井是一口开发井,井型为水平井,目的层为五峰组—龙马溪组下部①～⑤小层页岩气层段,设计井深5050m。一开设计井深352m,中完井深352m,表层套管下深350m;二开设计井2202m,中完井深2313m,技术套管下深2 310.81m;三开设计5050m,完钻井深5044m,油层套管下深5 036.31m。

2. 固井技术难点

本井水平段井眼轨迹呈整体下切趋势,最大垂深位于井底2 905.1m,液柱压力大;另外本井地质预告完钻井深位于断层附近,漏失风险较高,影响固井返高及封固质量,防漏是本次固井的难点。

3. 体系性能及效果

为有效降低固井施工漏失风险,领浆密度设计为1.35g/cm³,领浆和尾浆的性能参数见表4-3-7。

表4-3-7 水泥浆性能表

项目	领浆	尾浆
密度/(g·cm^{-3})	1.35	1.88
流动度/cm	23.2	21.0
API失水量/mL	64	36
游离液/%	0.02	0
沉降稳定性/(g·cm^{-3})	0.01	0
冷浆流变 $\Phi600/\Phi300/\Phi200/\Phi100/\Phi6/\Phi3$	274/160/117/68/8/6	—/265/193/112/16/12
热浆流变 $\Phi600/\Phi300/\Phi200/\Phi100/\Phi6/\Phi3$	160/99/74/44/6/4	280/168/125/75/12/10
初始稠度/Bc	16.2	20.8
稠化时间/min (72℃×31MPa×35min)	315	205
72h抗压强度/MPa(72℃)	13.5	32.2

1)现场施工

现场固井施工先后注入密度为 1.33g/cm³ 的水泥浆,加重清洗液 26m³,1.02g/cm³ 冲洗液 4m³,1.35g/cm³ 低密度领浆 26m³,1.90g/cm³ 常规密度尾浆 66m³,成功碰压(19MPa 到 25MPa),顺利完成固井施工。

2)固井质量评价结果

焦页 XX-6HF 井声波变密度测井结果显示,固井质量优质。水泥浆返高 425m,425～2310m 为领浆封固段,优质率 70.59%;2310～4975.5m 为尾浆封固段,优质率达到 99.81%。且固井一界面与固井二界面胶结质量优良,目前技套环空不带压,显示出良好的应用效果(图 4-3-5)。

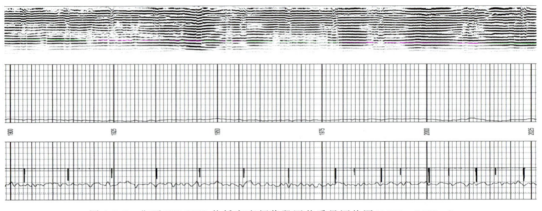

图 4-3-5 焦页 XX-6HF 井低密度领浆段固井质量评价图(1900～2025m)

4.结论与认识

高强低密度防漏水泥浆体系现场应用效果显著,有效兼顾了不同密度梯度条件下水泥浆沉降稳定性、早期强度发展、防气窜性能,在产层固井施工时,与韧性防窜胶乳水泥浆体系或抗高交变载荷水泥浆体系配套使用,对解决低承压地层固井难题起到了较好的应用效果。

4.4 韧性防窜胶乳水泥浆体系

近年来,国内外页岩气的商业化开发,得益于长水平段钻井技术及大型分段压裂技术的进步,页岩油、页岩气水平井水平段长度由勘探开发初期的 1000 多米逐渐延长至 4000m(胜页 9-3HF 井水平段长 4035m),有的甚至达 5000m(华 H90-3 井水平段长 5060m)。但大型分段压裂会对井筒形成高频次的交变应力冲击,对井筒密封完整性带来了挑战,也对储层段封固水泥浆体系的性能提出了更苛刻的要求。长水平段固井不仅要求水泥浆应具备良好的流动性、沉降稳定性、防气窜性能、零自由水和短稠化转化时间的特性,同时应具有抗交变冲击载荷的弹韧性。

Halliburton 公司和 Schlumberger 公司相继研发了 ElastiCem®、ShaleCem™、CemFIT

4 页岩气固井液体系

Flex 和 FlexSEAL 弹性韧性水泥浆体系,应用于页岩气储层固井,并取得了良好的固井效果。国内经过近 10 年的技术攻关,构建了以胶乳、弹韧剂和防气窜剂等关键外加剂为主的弹韧性防窜水泥浆体系,包括韧性防窜胶乳水泥浆体系(吴宇萌等,2019;宋建建等,2021)和抗高交变载荷水泥浆体系(何吉标等,2020),目前这些技术已经成为涪陵工区页岩气水平井固井的主力军,不仅解决了环空气窜问题,提高了井筒完整性,而且显著降低了环空带压率。

4.4.1 作用机理

国内外研究显示,胶乳体系具有较好的气体抑制效果。已有的研究在高温高压下进行,并对在具有极高温度和压力情况下的气窜抑制效果进行了分析评价,研究表明,胶乳是一类能够较好增加水泥浆抗气侵阻力的防窜添加剂。

20 世纪 90 年代以来,胶乳水泥浆体系在国内得到了较好的应用。胶乳水泥浆中所采用的胶乳是由粒径为 0.05~0.5μm 的微小聚合物粒子在乳液中形成的悬浮体系,多数胶乳体系含有约 40%~50%固相,一部分胶粒挤塞充填于水泥颗粒间,使泥饼渗透率降低,还有一部分在压差下,在水泥颗粒间聚集成膜,进一步使泥饼渗透率降低。

丁苯胶乳是油井水泥中常用的一种胶乳,它的生产工艺成熟、原料丰富、成本低,综合性能优异。在水泥浆中掺入丁苯胶乳,一方面,由于胶粒比水泥颗粒小得多(胶粒粒径为 0.05~0.5μm,水泥粒径约为 37μm),一部分胶粒与水泥形成良好级配而堵塞充填于水泥颗粒和水化物的空隙,降低泥饼的渗透率。另一部分胶粒在压差的作用下,在水泥颗粒之间聚集成膜覆盖在泥饼上,进一步降低泥饼的渗透率。另一方面,当气体与胶乳接触时或胶乳颗粒的浓度超过某一临界值时,胶乳颗粒就凝聚形成一层薄的聚合物膜覆盖在水化产物的表面,在气窜即将发生时,这种不渗透聚合物胶膜就阻止了气体窜入环空,防止气窜发生(图 4-4-1)。

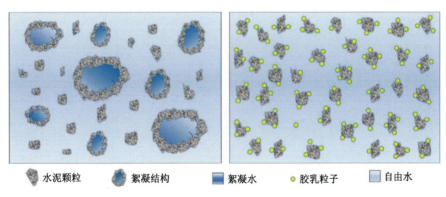

图 4-4-1 胶乳对水泥浆微观结构影响示意图

在一般水泥浆中掺加适量胶乳液后,水泥在水化过程中,加入的胶粒聚集并包裹在水泥水化产物表面,最终形成聚合物的薄膜覆盖了 C-S-H 凝胶。同时,由于胶乳在水泥微缝隙间形成桥接而抑制了缝隙的发展(张易航等,2019)。胶乳水泥与常规水泥相比,具有如下优点:①与亲油和亲水表面均具有较好的固结质量,提高水泥环与地层套管的胶结性。②射孔时水泥石破碎减少,水泥石破裂度较低,由于丁苯胶乳的柔韧胶结作用,耐冲击性可增加 10~15

倍,耐磨性增加几倍到几十倍。③改善了水泥浆的稠化转化性能,增强水泥浆抑制流体窜流的能力。④增加了水泥石抗井内流体侵入窜流及防止腐蚀的能力;提高了防止泥浆污染的能力,丁苯胶乳水泥浆不易被 CO_2 碳化腐蚀。⑤聚合物增黏和堵孔作用,降低水泥浆滤失量。⑥改善水泥石的耐久性,延长水泥石的使用周期,丁苯胶乳水泥浆在防卤离子方面优于其他胶乳。⑦因水灰比小,密实度高,因而干燥收缩性小。⑧丁苯胶乳使水泥浆保水性好,利于水泥水化持续进行,早期和后期强度增长较快,胶乳的黏结性和柔韧性好,水泥浆的抗弯、抗拉强度大,延伸性也较好。⑨丁苯胶乳网络及膜层的填隙性和良好的黏结性,使它与普通水泥浆相比,大孔数目显著减少,小孔数目增加,密实度高,提高了气密性和水密性。因此它的吸水率低,防水性好,具有良好的抗渗性能。

4.4.2 水泥浆性能

表 4-4-1 为韧性防窜胶乳水泥浆体系配方组成,针对页岩气储层段水泥浆性能,主要评价了水泥浆的流动性、沉降稳定性、防气窜性和抗冲击载荷的力学性能。

表 4-4-1 韧性防窜胶乳水泥浆体系添加剂列表

序号	名称	加量/%	功能
1	降失水剂	1.5~2.5	降低水泥浆失水
2	胶乳	10~15	提高韧性和防窜能力
3	分散剂	0.3~1.0	改善水泥浆流变性能
4	消泡剂	0.5~1.0	去除水泥浆中气泡
5	孔隙支撑剂	4~8	提高水泥石致密性、改善微观结构
6	膨胀剂	0.5~1.0	防止水泥石体积收缩
7	增韧纤维	0.03~0.20	提高水泥石韧性
8	缓凝剂	0.3~1.0	延长水泥浆稠化时间

注:推荐加量为 BWOC(以配方中水泥量为基准)。

4.4.2.1 水泥浆稳定性

水泥浆的自由液和沉降稳定性是评价水平井固井水泥浆稳定性能的两个关键指标。水平段封固水泥浆若有自由液析出,会在水平段的顶部形成一条横向水槽,同时,固相沉降使水平段水泥环上部强度降低,造成胶结疏松甚至无胶结,成为潜在的窜流通道,甚至导致套管环空带压发生。国内外学者室内对页岩气水平井固井水泥浆的研究,侧重于优化水泥浆体系的稳定性,以保证水泥浆零自由液和良好的沉降稳定性。以密度 $1.90g/cm^3$ 水泥浆性能为例(表 4-4-2)。

4 页岩气固井液体系

表 4-4-2 水泥浆自由液与固相沉降稳定性性能表

水泥浆密度/(g·cm^{-3})	测试温度/℃	$\Phi6$	$\Phi3$	沉降密度/(g·cm^{-3})		密度差 $\Delta\rho$/(g·cm^{-3})	自由液/mL
				上部	下部		
1.90	30	12	7	1.90	1.90	0.00	0
	60	9	6	1.90	1.90	0.01	0
	90	9	5	1.90	1.90	0.01	0

注:$N_{\Phi6}$、$N_{\Phi3}$ 分别为六速旋转黏度剂 6r/min、3r/min 对应的读值。

由表 4-4-2 可见,随养护温度升高,水泥浆上下密度差 $\Delta\rho$ 略有增大,总体的密度差值依然能够控制在 0.03g/cm³ 内,而水泥浆的自由水始终能够较好控制。在进行水泥浆设计时,适当的提高了水泥浆在 6r/min、3r/min 时六速旋转黏度剂的数值,这样有利于提高固相颗粒的悬浮性能力。韧性防窜胶乳水泥浆的沉降稳定性可以从聚合物以及胶乳质量分数、颗粒级配和微纳米材料的应用这 3 个方面进行控制。

4.4.2.2 高温高压失水性能

为了保证良好的固井质量,要求储层段封固水泥浆要具有较低的高温高压失水性。为研究水泥浆失水量与试验温度的关系以及水泥浆失水对页岩岩芯的影响,在室内进行了相关的测试评价(表 4-4-3)。

表 4-4-3 水泥浆密度为 1.90g/cm³ 时,在不同温度下,水泥浆岩芯侵入深度及高温高压失水量

测试温度/℃	滤液侵入岩芯的深度/mm	API 失水量/mL
30	3.0	6
60	3.2	8
90	3.2	8
120	3.6	15

注:滤液侵入岩芯试验,所选用的岩芯渗透率为 0.254~0.290 10^{-3}μm² 的人工岩芯,滤液的驱替压力为 7MPa。

由表 4-4-3 可见,随试验温度升高,水泥浆的失水量略有增大,但最高失水量依然能够控制在 15mL 以内;另外水泥浆滤液侵入岩芯的深度,随试验温度的升高也存在略有增大的趋势,但是最大深度也仅为 3.6mm,充分说明水泥浆具有较低的失水能够有效保证其与地层的有效胶结。

4.4.2.3 防气窜性能

1. 水泥浆静胶凝强度的发展

水泥浆的静胶凝强度发展速度是水泥浆防窜能力评价的重要指标之一。一般认为水泥浆静胶凝强度从 100lb/100ft² 发展至 500lb/100ft²(48~240Pa)所用时间越短,水泥浆抵抗气体侵入的能力就越强。在室内采用超声波水泥分析仪(UCA)对 1.90g/cm³ 水泥浆胶凝强度

发展情况进行了测试,水泥浆在静胶凝强度从100lb/100ft²发展至500lb/100ft²(48～240Pa)所用时间为20min(图4-4-2)。说明水泥浆能够有效的防止井底流体侵入,保证储层段的封固效果。

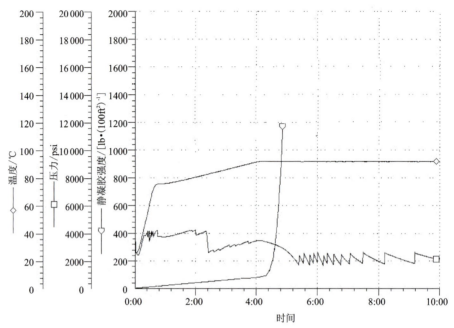

图4-4-2　1.90g/cm³水泥浆在83℃时静胶凝强度发展曲线

注:1psi=6 894.757Pa;1bl/100ft²=4.17Pa。

2. 水泥浆稠化转化时间

水泥浆的稠化时间主要测试的是一定温度压力下,水泥浆水化、凝结、硬化一系列物理化学变化过程所需要的时间。稠化过程中水泥浆由30Bc发展至100Bc所需时间称为稠化转化时间。水泥浆稠化转化时间越短,稠化过程中发生气窜的可能性就越小。室内对韧性防窜胶乳水泥浆的稠化性能进行了测试,可以发现稠化转化阶段时间均能较好控制,最长转化时间为12min,最短转化时间仅有6min(表4-4-4)。

表4-4-4　水泥浆密度为1.90g/cm³时在不同温度下的稠化性能表

水泥浆密度/(g·cm⁻³)	试验温度/℃	稠化时间/min	稠化过渡时间/min
1.90	55	211	12
	75	188	8
	90	163	6

4.4.2.4　大温差下水泥石强度发展

页岩气固井通常采用全井段封固,水泥浆要求返出地面。针对深层页岩气井其垂深通常在4000~4500m,井底温度在120~150℃,井口温度仅有30℃左右,顶底温差最高可达120℃。巨大的顶、底温差易造成顶部水泥浆强度发展缓慢,严重时甚至会发生水泥浆长期不凝固现象,造成生产安全事故。为解决大温差固井难题,作业者开发了大温差缓凝剂RET-H,可以满足30~150℃大温差环境的固井作业,顶部水泥石养护72h抗压强度大于3.5MPa(表4-4-5)。

表4-4-5 RET-H加量1.5%下水泥浆在不同温度下的稠化时间和抗压强度

试验温度/℃	稠化时间/min	抗压强度/MPa	备注
30	>600	3.9	养护72h
90	587	15.2	养护48h
150	283	26.5	养护24h

由表4-4-5可知,水泥浆150℃稠化时间283min,同配方水泥浆在90℃养护48h抗压强度大于14MPa,在30℃养护72h后,水泥石抗压强度可达3.9MPa。在120℃温差下,顶部水泥浆72h能够有效固化并且形成3.5MPa以上的抗压强度,说明水泥浆体系能够满足大温差固井作业技术要求。

4.4.2.5 力学性能

大型水力压裂对固井质量提出了较大的挑战,足够的抗压强度和弹韧性是保证水泥环力学完整的关键。室内考察了水泥石在83℃养护24h的抗折强度、剪切强度、拉伸强度、抗冲击强度等力学性能(表4-4-6)。

表4-4-6 韧性防窜胶乳水泥浆体系的力学性能

水泥浆类型	抗压强度/MPa	抗折强度/MPa	剪切强度/MPa	抗冲击强度/(kJ·m^{-2})	弹性模量/GPa
韧性防窜胶乳水泥浆	17.8	3.3	3.87	3.23	5.45
常规弹韧水泥浆	24.7	3.4	2.78	2.20	6.23

由表4-4-6可知,相对于常规弹韧水泥浆,韧性防窜胶乳水泥浆的抗压强度已经能够满足后续增产作业的需要,同时其剪切强度、抗冲击强度以及弹性模量的测量值均较常规弹韧水泥浆有较大的改善,其中抗冲击强度提高了46.8%,弹性模量降低了12.5%。

韧性防窜胶乳水泥浆具有更好的力学性能,能够最大程度地满足页岩气水平井增产措施对固井水泥石韧性方面的技术要求。

4.4.2.6 水泥石抗射孔冲击能力

页岩气水平井主要以射孔方式完井。技术人员对普通防窜水泥石和韧性防窜胶乳水泥石进行了模拟射孔冲击对比试验,以观察水泥石应对射孔冲击时水泥石破坏状态。

射孔后普通防窜水泥石出现了肉眼可见的裂痕,水泥石完整性遭到了极大的破坏;反观韧性防窜胶乳水泥石在射孔冲击下没有出现明显裂纹。对比发现韧性防窜胶乳水泥石具有更好的韧性,可以有效保障射孔冲击下水泥石的完整性(图4-4-3)。

图4-4-3 水泥石射孔试验后状态
a.普通防窜配方;b.韧性防窜胶乳配方

4.4.3 现场应用实践

4.4.3.1 应用效果

韧性防窜胶乳水泥浆体系从涪陵页岩气开发初期添加剂的湿混,到2015年大量的外加剂采用干混,大幅度提升作业效率,减小了生产工人的作业强度。现场应用过程中水泥浆体系与油基钻井液相容性好,油基钻井液与水泥浆混合后,水泥浆稠化时间与抗压强度变化小(小于10%)。该水泥浆体系为页岩气开发的产能建设作出了较大的贡献。截至2021年,现场运用近400口井,固井合格率100%,固井优质率91%,取得很好的应用效果。

4.4.3.2 典型案例

以焦页XX-2HF井为例,以下作详细介绍。

1.基础数据

焦页XX-2HF是一口开发井,目的层位于上奥陶统五峰组—下志留统龙马溪组下部页岩气层段。完钻井深5249m,垂深4231m,垂深较大,井底温度125℃。本井三开4648～4720m(垂深4163～4178m)进入临湘组,三开钻进后期多次入五峰(4599～4648m,4718～4955m,5172～5222m,5232～5240m,5251～5294m),固井施工过程可能发生漏失导致前置液冲洗效率低,造成漏失层以上井段水泥胶结界面质量差,通过在前置液中加入堵漏纤维,降低漏失风险,提高冲洗效率。

2.固井技术难点

焦页XX-2HF井井眼轨迹复杂,岩屑床清洁难度大;长水平段下套管困难,不利于油基泥浆顶替效率的提高。此外,水平段承压能力不足,增加了固井漏失风险高,而且气层较为活跃,水泥浆防气窜难度高。另外,本井埋藏深,井底温度高,大温差给固井水泥浆配方的设计带来了难题。

3. 体系性能及效果

针对以上固井技术难点采用三凝三密度水泥浆体系(表4-4-7),避免大温差和长封固段对固井质量的影响,保证了水泥浆性能达到固井作业要求。

表 4-4-7 三凝三密度水泥浆体系性能评价数据

项目	领浆	过渡浆	尾浆
密度/(g·cm^{-3})	1.53	1.85	1.88
API 失水量/mL	44	48	24
游离液/%	0	0	0
沉降稳定性/(g·cm^{-3})	0	0	0
流变($\Phi600/\Phi300/\Phi200/\Phi100/\Phi6/\Phi3$)	235/123/95/47/5/3	276/162/126/68/7/4	292/179/133/73/8/5
稠化时间(min)(107℃×65MPa×50min)	338	240	180

现场固井施工先后注入 1.52g/cm³ 清洗液 25m³,1.00g/cm³ 冲洗液 10m³,1.53g/cm³ 低密度领浆 38m³,1.85g/cm³ 常规密度过渡浆 45m³,1.88g/cm³ 常规密度尾浆 21m³,设计返水泥浆至 1000m,封固段 4294m,固井施工顺利完成(图4-4-4)。

从测井结果来看,该井固井质量较优异,已达到设计要求。

4. 结论与认识

(1)根据页岩气钻完井工程特点及技术要求,在固井技术难点充分分析的基础上,开发了一套高效油基钻井液冲洗前置液体系,该前置液与水泥浆配伍性性好,并能有效清洗井壁,提高界面的胶结强度,降低漏失风险。

(2)研发了一套韧性防窜胶乳水泥浆体系,该体系具有良好的沉降稳定性,水泥浆上下密度差能控制在0.03g/cm³内,最高失水量小于50mL,水泥浆48h静凝胶强度过渡时间为20min,具有良好的防窜性能。同时该韧性防窜胶乳水泥浆具有良好的力学性能,相比于常规韧性水泥浆,抗冲击强度提高了46.8%,弹性模量降低了44.6%,可以有效保障射孔冲击下水泥石的完整性。

(3)通过对页岩气水平井固井前置液技术和水泥浆体系的研究,攻关了长裸眼段防漏堵漏固井技术与长水平段套管下入工艺,形成了页岩气水平井配套的固井工艺技术,该技术应用到现场,固井合格率100%,固井优质率91%,取得很好的应用效果。

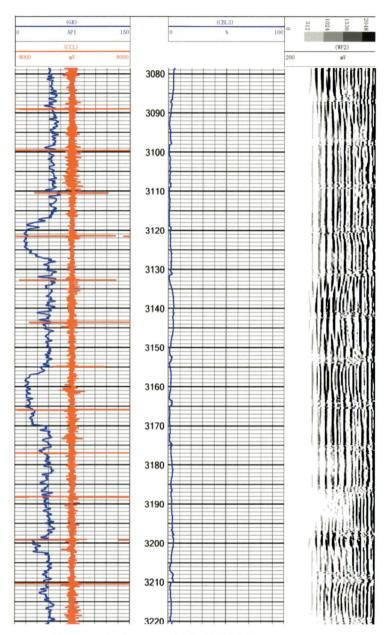

图 4-4-4　焦页 XX-2HF 固井质量评价图（3280～3220m）

4.5　抗高交变载荷水泥浆体系

普通水泥石是一种脆性材料，受冲击时易破碎，难以满足页岩气井储层改造技术要求。从水泥石本身的力学特性角度出发，通过添加弹韧性材料，改善油井水泥石力学性能，赋予油井水泥石弹性形变能力，增加水泥石抗冲击能力，减小水泥环在受冲击力作用下造成的破裂伤害程度，可以保证井筒密封完整性。

4.5.1 作用机理

近年来,随着弹韧性水泥浆技术的快速发展,降低水泥环在循环载荷下的塑性变形成了关键研究点,即预防和控制水泥环微环隙的大小。而超长水平井需进行多段的水力压裂施工,对水平段水泥环在多次循环载荷下的抗压能力和低塑性形变能力提出了更高的要求(郝海洋等,2022)。研究表明,能量耗散是岩石变形破坏的本质属性,反映了岩石内部微缺陷的不断发展、强度不断弱化并最终丧失的过程(谢和平等,2005);当岩石的脆性较高时,能量耗散项与本征内聚力相比,其相对较小,此时能量几乎转化为裂纹扩展所增加的表面能(陈昀等,2015)。

通过对含有脆性属性的水泥石三轴受力破坏的全过程分析,探究了屏蔽远场外加应力的手段。由此设计并研发了絮状弹韧性材料,其作用机理见图 4-5-1。

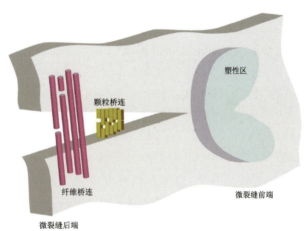

通过添加弹韧性材料,弱化水化硅酸钙的脆性作用,增强微裂缝尖端弹塑性,阻断微裂纹扩展,从而有效预防和控制水泥石脆性发展(何吉标等,2020;郝海洋等,2022)。在应对外部冲击时,水泥环表现出高弹性,能够实现水泥环与套管的同步形变,保证在大型分段压裂条件下固井水泥环对井筒环空具有密封完整性。

图 4-5-1 弹韧性材料阻断裂纹发展机理示意图

由图 4-5-2、图 4-5-3 可知,水泥石断面致密完整,分布些许微孔气泡;直径 30~50 μm 的圆柱状物质镶嵌其中,起着钢筋骨架的作用;水泥水化晶体发育相对成熟,与圆柱状物质胶结严密,形成一个统一的整体。水泥石孔洞及缝隙有明显的针状物质发育,并有不断向前延伸的趋势,通过架枝搭桥有效降低水泥石空隙度,提高水泥石的密封完整性(何吉标等,2020)。

图 4-5-2 絮状弹韧性材料微观形貌

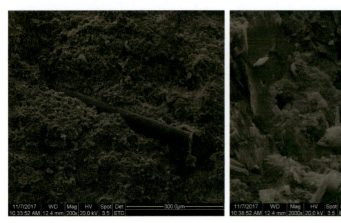

图 4-5-3 抗高交变载荷水泥石微裂缝 ESEM 图谱

4.5.2 水泥浆性能

在研制絮状弹韧材料的基础上,通过系列的室内实验分析和评价,优选降失水剂、防气窜剂、膨胀剂等其他功能外加剂,构建满足页岩气水平井固井技术要求的抗高交变载荷水泥浆体系。

推荐配方如下:嘉华 G 级油井水泥+2%～3%降失水剂+1.5%～2.5%絮状弹韧剂+0.5%～1%膨胀剂+0.5%～1%防气窜剂+0.4%～0.6%分散剂+45.6%现场水+0.1%消泡剂。为进一步评价水泥浆体系的性能,从抗拉强度、弹性模量、交变疲劳损伤和施工安全性等方面开展水泥浆体系的性能评价与研究工作。

4.5.2.1 水泥石抗拉性能

岩石的抗拉强度就是岩石试件在单轴拉力作用下抵抗破坏的极限能力或极限强度在数值上等于破坏时的最大拉应力,是衡量岩体力学性质的重要指标。井筒水泥环受到交变载荷径向应力影响,易出现水泥环径向开裂而形成气窜通道,破坏层间密封作用,故对水泥石抗拉强度提出了较高的技术要求。根据厚壁圆筒理论,井筒条件下水泥环所受等效应力与施加载荷、水泥石弹性模量和泊松比有关,其分段压裂工艺条件下的水泥环等效应力计算见表 4-5-1。

表 4-5-1 井筒条件下水泥环等效应力计算参数表

施加载荷/MPa	水泥环参数		套管等效应力/MPa	水泥环等效应力	
	弹性模量/GPa	泊松比		压应力/MPa	拉应力/MPa
90	5.580	0.275	399.501	16.420	3.562

采用巴西劈裂法来测试抗高交变载荷水泥石 90℃常压水浴养护 72h 后抗拉强度为 4.68MPa,满足分段压裂等效模拟计算对水泥石要求,抗拉强度大于 3.56MPa,可有效避免井筒水泥环的径向开裂,保证井筒水泥环密封完整性。

4.5.2.2 水泥石弹韧性能

为有效评价抗高交变载荷水泥石的弹韧性能,对不同絮状弹韧性材料(DeForm)加量下的水泥石进行三轴应力条件下的岩石力学特性测试,实验条件及结果见图 4-5-4、表 4-5-2。

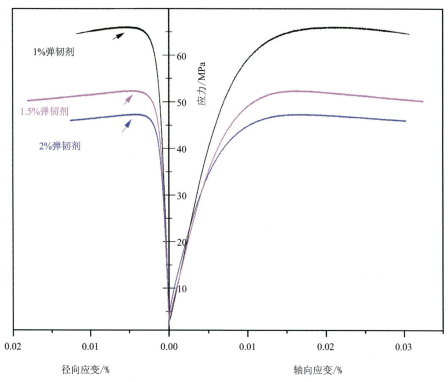

图 4-5-4 抗高交变载荷水泥石岩石力学测试图

表 4-5-2 抗高交变载荷水泥石岩石力学测试参数表

测试项目	DeForm加量/%	围压/MPa	差应力/MPa	弹性模量/GPa	泊松比
三轴	0.0	15	75.248	9.784 5	0.172
	1.0		66.120	7.671 1	0.168
	1.5		52.448	6.249 4	0.164
	2.0		47.377	5.764 2	0.170

由表 4-5-2 可知,三轴应力条件下,随着絮状弹韧材料的加量增大,水泥石弹性模量降低,应变能力得到进一步增强;抗高交变载荷水泥石在中低应力条件下表现出良好的弹性,高应力条件下表现出明显的塑性特性。当加入 2.0% 絮状高弹韧材料时水泥石弹性模量为 5.764 2GPa,相对常规弹性模量降低 41.1%。

4.5.2.3 抗交变疲劳性能

大型分段水力压裂对水泥环密封完整性造成破坏(Gu et al.,2012;Hao et al.,2016;辜涛等,2013;席岩等,2019;刘奎等,2016;高德利等,2019),包括界面脱黏和水泥石本体破坏(Jackson,et al.,1993)。国内外对水泥环封固系统密封失效的研究集中在水泥环力学强度失效、水泥环界面密封失效等方面(顾军等,2008;席岩等,2019;Wang et al.,2017;Hao,2022;刘奎等,2016;初纬等,2015;陈朝伟等,2009;De et al.,2016;Feng et al.,2016)。针对套管、水泥环、地层三者间形变不协调而引起油气井生产后期层间封隔失效的问题,对水泥石进行交变疲劳测试,准确地测定了在三轴应力直接加载及三轴应力多周循环两种加载方式下水泥石的力学应变能力。测试条件:围压15MPa,加速率300N/s,循环区间2~30MPa。测试结果见图4-5-5。

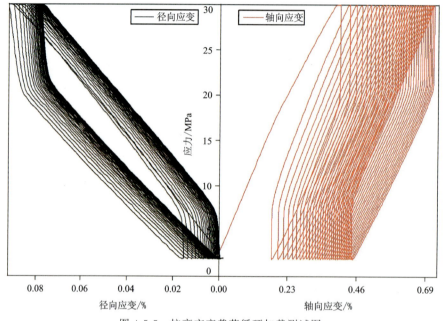

图4-5-5 抗高交变载荷循环加载测试图

从图4-5-5中可以看出,随着循环加载次数的增加,应力回滞曲线逐渐变得致密,说明水泥石逐渐被压实,每次加载下的累积形变量逐渐减小。随着加载次数的增加,轴向应变逐渐增大,但增大的幅度逐渐减小,循环加载30次,轴向应变仅为0.71%,体现出良好的弹性性能和抗疲劳损伤能力,可在水泥环承受分段压裂交变载荷作用下有效实现水泥环与套管的同步变形,保证井筒水泥环密封完整性。

4.5.3 现场应用实践

4.5.3.1 应用效果

该体系在涪陵、宜昌、红星等工区的100余口生产套管固井中进行了现场应用,施工安全连续,固井合格率100%,优质率92%,固井及压裂后技套均不带压,显示良好的套管环空带压预防效果。

4 页岩气固井液体系

在不断发现问题和解决问题过程中,该体系经过现场试验与配方优化升级,逐渐发展成熟。目前已经适应深层、长水平段和超长水平井等页岩气固井作业需要(表4-5-3)。

表4-5-3 体系现场应用记录指标

序号	应用记录	应用井号	具体指标
1	最长水平段/m	焦页XX-S1HF井	2792
2	最大垂深/m	焦页XX-4HF井	3872
3	最大井深/m	焦页XX-7HF井	6289
4	最高温度/℃	焦页XX-4HF井	130
5	最低密度/(g·cm^{-3})	焦页XX-6HF井	1.40

4.5.3.2 典型案例

以焦页XX-4HF井为例,以下作详细介绍。

1. 基础数据

焦页XX-4HF井为江汉油田分公司部署的一口开发水平井为例。完钻井深5825m,水平段长1600m,最大垂深3872m,完钻油基钻井液密度1.60g/cm^3,钻进全烃基值5%~6%,穿五峰组两段(4728~4763m,5635~5825m)。

2. 固井技术难点

本井钻井完钻时油基泥浆密度1.62g/cm^3,施工过程中井壁油膜难以清除干净,影响固井胶结质量;在产层钻进时发生了漏失,在固井施工中应预防发生水泥浆漏失;该井井眼轨迹调整频繁,井眼轨迹差,影响顶替效率和施工排量,易对固井质量产生较大的影响。

3. 体系性能及效果

现场应用水泥浆体系流变性能、API失水量、沉降稳定性、抗压强度和稠化性能均满足固井设计要求,具体性能参数见表4-5-4。

表4-5-4 抗高交变载荷水泥浆体系性能参数统计表

项目	领浆	尾浆
密度/(g·cm^{-3})	1.70	1.88
流动度/cm	23.0	22.0
API失水量/mL	46	24
游离液/%	0.12	0
沉降稳定性/(g·cm^{-3})	0.02	0
冷浆流变性能($\Phi600/\Phi300/\Phi200/\Phi100/\Phi6/\Phi3$)	220/122/89/52/8/6	—/242/174/101/13/9
热浆流变性能($\Phi600/\Phi300/\Phi200/\Phi100/\Phi6/\Phi3$)	120/68/50/30/4/3	241/141/101/59/7/5

续表 4-5-4

项目	领浆	尾浆
初始稠度/Bc	15.2	23.8
稠化时间/min（105℃×85MPa×40min）	348	217
72h 抗压强度/MPa(88℃)	18	29.2

现场固井施工先后注入 1.65g/cm³ 加重清洗液 25m³，1.02g/cm³ 冲洗液 10m³，1.70g/cm³ 低密度领浆 70.5m³，1.90g/cm³ 常规密度尾浆 64m³，水泥混浆返出地面，从 25MPa 到 28MPa 碰压成功，顺利完成固井施工（图 4-5-6，表 4-5-5）。

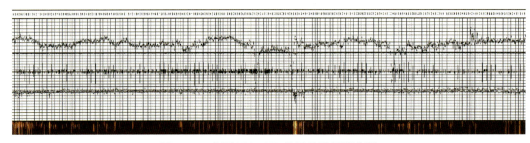

图 4-5-6 焦页 XX-4HF 井固井质量测井图

表 4-5-5 分段固井质量数据表

水泥浆体系	封固井段/m	段长/m	优质率/%	合格率/%
尾浆	5797～3100	2697	99.74	100
领浆	3100～130	2970	86.13	100
合计	整井封固段优质率 92.73%，合格率 100%			

焦页 XX-4HF 井固井质量综合评定为优质，全井封固段优质率 92.73%，合格率 100%。领浆段优质率 86.13%，尾浆段优质率 99.74%，其中水平段优质率达到 100%，且套管环空不带压，取得了较好的井筒环空密封效果，为后期作业提供了优质的井筒条件。

4.结论与认识

抗高交变载荷水泥浆体系具有低弹性模量和高韧性的特点：一是在降低压裂过程中水泥环破碎率，从源头上预防套管环空带压的发生；二是可有效保护套管，降低套变机率。抗高交变载荷水泥浆体系现场应用效果显著，为页岩气井套管环空带压预防和控制提供了新途径，与此同时表现出对涪陵页岩气固井具有较强的适应性。通过实践证明，该体系可满足深层、长水平段和超长水平井等多种类别井型页岩气固井技术要求。

4.6 高温高密度防窜水泥浆体系

川南区块页岩埋深 3500～4500m,地温梯度 3.0℃/100m,地层压稳当量密度 2.10～2.30g/cm³,属于典型的高温高压页岩气藏。高温高压工况下的页岩气水平井固井,除了页岩气水平井作业共同的难题外,还需要作业者特别注意以下几点:①高密度水泥浆,加重材料加大,浆体黏度高,流动性差,注水泥浆时控制密度困难;②高温环境,对水泥浆抗高温性能要求高;③水泥占比相对减少,封固段长,水泥石力学性能难以保障;④储层埋藏深,破裂压力高,为满足大型压裂施工对水泥浆抗压强度和韧性要求更高。

4.6.1 作用机理

为满足深层高温高密度页岩气固井作业要求,技术人员研究开发了新型固井水泥浆助剂:抗高温纳米防窜剂与级配型加重剂。在韧性胶乳防窜水泥浆体系中加入纳米防窜剂和级配型加重剂,在满足水泥浆密度要求的条件下,提高了浆体稳定性,解决了大温差环境下的顶底水泥石强度发展不均衡的难题。该技术在现场进行了推广应用并取得了较好的应用效果。

4.6.1.1 抗高温纳米防窜剂

MICRO 纳米防窜剂是一种新型的纳米增强防窜材料(图 4-6-1),是由纳米级金属氧化物经过特殊工艺制备而成的液体分散剂,呈半透明乳液状。MICRO 纳米防窜剂能促进水泥早期强度发展,且对水泥浆稠化时间影响较小。下面具体介绍纳米防窜剂作用机理。

1. MICRO 作用机理

MICRO 纳米防窜剂机理可归纳为以下 3 个方面:①晶核效应。纳米材料具高表面活性,可以充当晶核键合更多的 C-S-H。②填充效应。常见固井材料主要是

图 4-6-1 MICRO 活性纳米材料

微米级,纳米材料的进一步填充改善了孔隙结构。③火山灰效应。部分纳米材料可以与氢氧化钙发生二次水化,促进早期强度发展。

MICRO 纳米防窜剂平均粒径为 $0.2\mu m$,拥有较大的比表面积,可以有效束缚水泥颗粒间隙中的自由水,增强高密度水泥浆浆体的稳定性;碱性环境下能够促进水泥浆中 C-S-H 凝胶产物的快速形成,表现为水泥石强度发展快,有利于提升候凝期间水泥浆防气窜能力。该材料粒径分布见图 4-6-2。

2. MICRO 纳米材料对水泥浆的性能影响

1)普通胶乳水泥浆与加入 MICRO 纳米材料对水泥浆性能的影响

从图 4-6-3 可以看出,水泥浆稠化时间为 210min,7:47 开始起强度,8:30 50psi,12h 强度 412psi,24h 强度 1722psi。

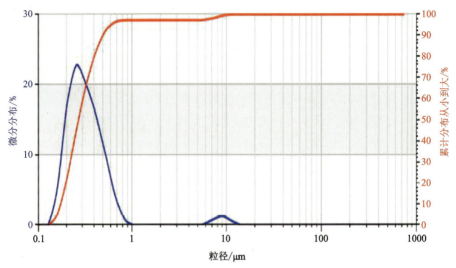

图 4-6-2　MICRO 增强防窜剂粒径分布图

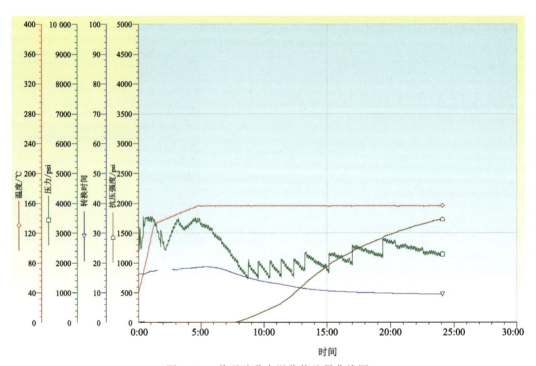

图 4-6-3　普通胶乳水泥浆静胶凝曲线图

从图 4-6-4 可看出,加入 MICRO 水泥浆稠化时间为 201min,5 小时 54 分后开始起强度,6 小时 17 分后抗压强度达到 50psi,12h 抗压强度 866psi,24h 抗压强度 1882psi。MICRO 增强防窜剂在不明显缩短水泥浆稠化时间的基础上,能够显著促进水泥石高温早期强度发展和水泥浆稠化转化时间,12h 抗压强度能够提升 110%,转化时间可以缩短 1/3。

MICRO 纳米防窜剂对水泥浆性能的影响见表 4-6-1。

4 页岩气固井液体系

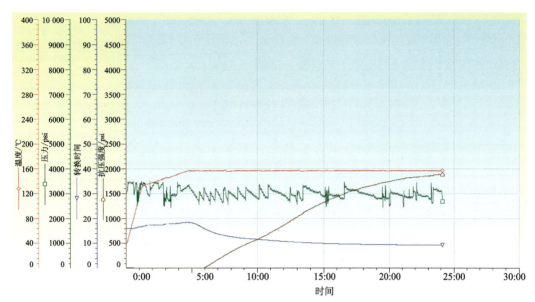

图 4-6-4 增强防窜剂的胶乳水泥浆静胶凝曲线图

表 4-6-1 MICRO 纳米防窜剂对水泥浆性能的影响对比表

MICRO 加量/%	稠化时间/min	24h×150℃抗压强度/MPa	抗压强度提高率/%	渗透率/×$10^{-3}\mu m^2$
0	300	17.2	0	0.014
0.5	285	22.1	28.5	0.011
1	273	23.4	36.0	0.008 7
2	269	24.1	40.1	0.007 3
3	254	25.0	45.3	0.007 1

从表 4-6-1 可以看出,加入 MICRO 纳米材料能够显著提升水泥石的抗压强度,降低水泥石的渗透性,加量在 0.5%～1% 就能很好地提升水泥石性能。

4.6.1.2 级配加重剂

水泥浆体系以加入加重剂材料来实现高密度,一般常见的加重剂有重晶石粉、赤铁矿和磁铁矿等,这些加重剂在达到一定加量后,都会对水泥浆的流变性及强度产生不利影响。分析原因一方面与高密度水泥浆体系中水泥占比减少有关,另一方面是由于固相颗粒材料种类多,颗粒间无法形成有效级配。为了解决上述问题,研究开发了 MICD 级配加重剂,形成了 2.0～2.5g/cm³ 密度可调的高温高密度水泥浆体系。MICD 级配加重剂三级颗粒级配原理如图 4-6-5 所示。

研究发现,分别使用不同的加重材料将水泥浆加重至少为 2.40g/cm³,以重晶石加重的水泥浆流变性能最差,六速旋转黏度计的 200 转不可读;250 目与 1000 目铁矿粉加重的水泥浆,静置 20min 后,浆体发生沉降;250 目+1200 目铁矿粉复配后,浆体稳定,但流动性差,六速旋转黏度计的 200 转不可读;单独采用微锰粉加重效果好,但市场上微锰粉价格昂贵,一般为铁矿粉的 2～3 倍(表 4-6-2)。

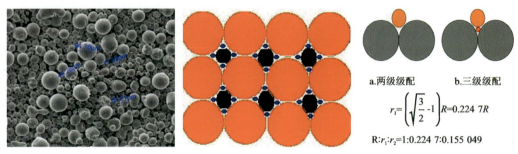

图 4-6-5　MICD 级配加重剂三级颗粒级配原理图

R. 大颗粒半径；r_1. 第二大颗粒半径；r_2. 小颗粒半径

表 4-6-2　不同加重剂性能对比表

加重剂	Φ600/Φ300	Φ200/Φ100	Φ6/Φ3	沉降稳定性
重晶石	—/—	—/229	64/60	—
250 目铁矿粉	—/—	231/123	18/14	静置 20min 后，浆体沉降
1000 目铁矿粉	—/253	212/110	15/10	静置 20min 后，浆体沉降
微锰粉	—/262	192/112	8/4	浆体稳定
250 目＋1200 目铁矿粉	—/—	—/210	60/55	浆体稳定
复配 MICD 加重剂	—/252	187/112	20/15	浆体稳定

注：水泥浆配方为嘉华 G 级水泥 600g＋水 300g＋降失水剂 40g＋分散剂 6g＋消泡剂 5g＋缓凝剂 2g＋消泡剂 5g＋加重剂（ρ＝2.40g/cm³）。

实验室级配加重剂加重后的浆体稳定，且流变性能好。它是通过颗粒级配的原则对锰铁矿粉按 1∶1 的比例进行复配而得到。级配加重剂依据的原理：①滚珠效应。MICD 加重剂 60％左右的颗粒为圆形，圆形颗粒可以形成类似滚珠的效果降低水泥浆流变改善流动度；②填充效应。常见固井材料主要是微米级，级配加重剂能够进一步填充水泥孔隙改善水泥石孔隙结构（图 4-6-6～图 4-6-9）。

图 4-6-6　MICD 级配加重剂与普通铁矿粉加重剂对比图

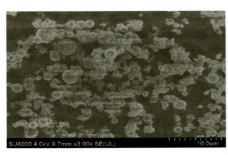

图 4-6-7　MICD 加重剂微观结构图

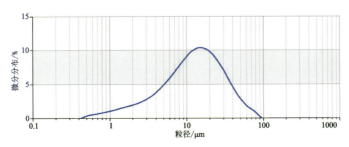

图 4-6-8　级配加重剂 MICD 粒径分布图

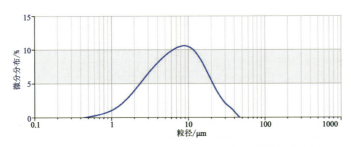

图 4-6-9　美国艾肯 MICROMIX 加重剂粒径分布图

将 MICD 级配加重剂与美国艾肯加重剂 MICROMIX 基本物理性能及配浆性能进行了对比,发现两种加重剂配制的粒径分布及微观结构上相差不大(表 4-6-3)。

表 4-6-3　MICD 级配加重剂与美国艾肯加重剂 MICROMIX 基本物理性能对比表

加重剂类型	Φ3	Φ6	Φ100	Φ200	Φ300	180℃×24h 抗压强度/MPa	135℃稠化时间/min
MICD 级配加重剂	7	9	78	134	178	27.0	3′04″
MICRO 加重剂	18	23	143	242	295	25.6	3′03″

实验室对 MICD 级配加重剂与普通铁矿粉加重剂配制的水泥浆进行了性能评价。评价结果见表 4-6-4、表 4-6-5 所示。

表 4-6-4　不同类别加重剂对水泥浆流变性的影响

加重剂类型	Φ3	Φ6	Φ100	Φ200	Φ300
MICD 级配加重剂	7	9	78	134	178
铁矿粉加重剂	15	28	105	170	246

表 4-6-5　相同密度下不同类别的加重剂加量对加重性能的影响

加重剂类型	加重剂加量(BWOC)			
	$2.1/(g \cdot cm^{-3})$	$2.2/(g \cdot cm^{-3})$	$2.3/(g \cdot cm^{-3})$	$2.4/(g \cdot cm^{-3})$
铁矿粉加重剂/%	50	79	115	135
MICD 级配加重剂/%	26.7	50	77.8	81.7

MICD 具有优异的加重效果,水泥浆的流变能够得到较好的控制,突出的特点是在较少的加量下可以获得较高的密度。

实验室还对不同加重方式下水泥石的力学性能进行了评价,评价结果见表 4-6-6。

表 4-6-6　不同类别加重剂对水泥石力学性能的影响对比表

加重剂	密度/$(g \cdot cm^{-3})$	抗冲击强度/$(kJ \cdot m^{-2})$	弹性模量/GPa
铁矿粉	2.30	1.92	8.07
	2.40	1.81	7.93
MICD 级配加重剂	2.30	2.19	7.52
	2.40	2.12	7.27

由表 4-6-6 可知,级配加重剂水泥石抗冲击强度高,弹性模量更低;与铁矿粉加重相比,MICD 级配加重剂配制的水泥石力学性能更优。

4.6.2　水泥浆性能

高温高密度页岩气储层固井对水泥浆的稳定性、水平段防气窜性、顶部强度发展和力学性能都有较高的要求。

4.6.2.1　配方及基本性能

通过确定的高温高密度水泥浆体系的核心材料,研究开发了一套高温高密度防窜水泥浆体系,具体配方组分见下文。水泥浆体系的稠化时间可以根据实际情况调整,水泥浆领浆可以在基础配方上适当的调节添加剂的掺量来实现性能微调要求。具体推荐配方如下:G 级水泥+40%硅粉+48%淡水+1.0%分散剂+5.5%降失水剂+0.5%缓凝剂+0.6%消泡剂+1%膨胀剂+1%纳米防窜剂+2%胶乳粉(密度 1.90g/cm³);G 级水泥+30%硅粉+43%淡水+1.1%分散剂+4%降失水剂+1%缓凝剂+1%消泡剂+15.5%加重剂+1%膨胀剂+

1%纳米防窜剂+2%胶乳粉(密度2.00g/cm³);G级水泥+35%硅粉+39%淡水+2.5%分散剂+5%降失水剂+1%缓凝剂+1%消泡剂+29%加重剂+1.1%膨胀剂+1%纳米防窜剂+2%胶乳粉(密度2.10g/cm³);G级水泥+35%硅粉+39%淡水+3%分散剂+5%降失水剂+1.6%缓凝剂+1%消泡剂+40%加重剂+1.4%膨胀剂+1%纳米防窜剂+2%胶乳粉(密度2.20g/cm³);G级水泥+40%硅粉+39%淡水+3%分散剂+5%降失水剂+1.6%缓凝剂+1.2%消泡剂+74%加重剂+1.5%膨胀剂+1%纳米防窜剂+2%胶乳粉(密度2.30g/cm³);G级水泥+40%硅粉+40%淡水+4.4%分散剂+5%降失水剂+1.6%缓凝剂+1%消泡剂+96%加重剂+1.6%膨胀剂+1%纳米防窜剂+2%胶乳粉(密度2.40g/cm³)。各密度水泥浆体系的基本性能见表4-6-7。

表 4-6-7　不同密度水泥浆基本性能测试统计表

水泥浆密度/(g·cm⁻³)	流变(90℃)			失水量/mL	24h抗压强度/MPa	稠化时间/min
	Φ_{600}/Φ_{300}	Φ_{200}/Φ_{100}	Φ_6/Φ_3			
1.90	283/184	115/72	7/4	40	21.4	195
2.00	295/192	138/75	8/4	46	19.8	254
2.10	278/162	128/70	5/3	48	19.9	225
2.20	—/198	142/78	6/4	32	19.6	279
2.30	—/205	150/87	8/5	39	19.7	224
2.40	—/220	163/93	9/6	48	18.9	262

通过对高温高密度水泥浆体系的流变、失水量、抗压强度和稠化时间进行了测试分析。结果表明该体系的流变性能、抗压强度、失水量以及稠化性能均满足页岩气固井的技术要求(图4-6-10)。

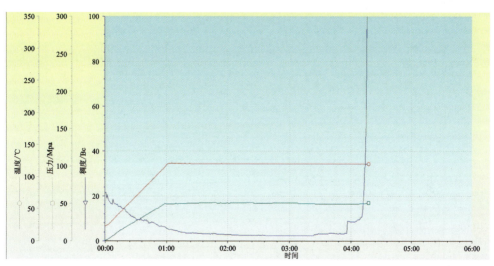

图 4-6-10　2.4g/cm³水泥浆稠化曲线图

4.6.2.2 沉降稳定性

高温高密度水泥浆的高温稳定性差，表现为水泥浆析水，固体颗粒沉降。析出的自由水聚集起来形成析水层。在大斜度段和水平井段，这个"水层"很可能会形成一条气窜通道，造成套管环空带压。高温高密度水泥浆沉降稳定性评价结果见下表4-6-8。

表 4-6-8　不同密度水泥浆沉降稳定性对比表　　　　　　　　单位：g/cm³

设计密度	上密度	下密度	Δρ
1.90	1.91	1.91	0.00
2.00	1.99	2.01	0.02
2.10	2.09	2.11	0.02
2.20	2.19	2.21	0.02
2.30	2.28	2.29	0.01
2.40	2.39	2.41	0.02

对 2.20g/cm³ 和 2.40g/cm³ 密度的水泥浆的高温稳定性开展了稠化停-开机试验：水泥浆进行稠化实验待温度升高到目标温度稳定30min后将稠化仪的传动电机关闭，停止搅拌30min后再打开电机，若水泥浆热稳定性较差则会出现沉降，桨叶会被埋没，重新开电机时会出现瞬时阻力过大造成稠度突然增大现象。反之，水泥浆稠度不会有过大变化（图4-6-11、图4-6-12）。

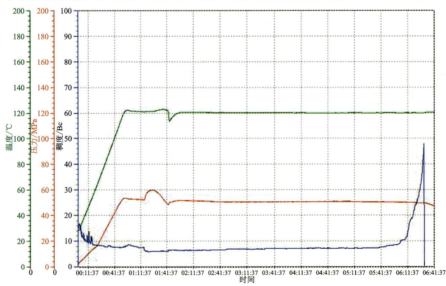

图 4-6-11　密度为 2.20g/cm³ 的水泥浆温度升到 120℃ 后停机 30min 的水泥浆稠度曲线图

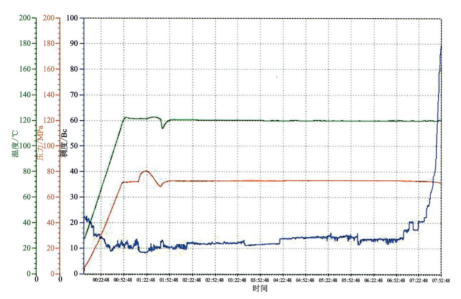

图 4-6-12　密度为 2.40g/cm³ 的水泥浆温度升到 120℃后停机 30min 的水泥浆稠度曲线图

研究结果显示：停机 30min 后，开机瞬间水泥浆稠度冲高不超过初始稠度，表现出良好的热稳定性。

4.6.2.3　稠化性能

研究不同密度下，高温高密度防窜水泥浆体系的稠化性能，研究结果见表 4-6-9。

表 4-6-9　不同密度水泥浆高温稠化性能对比表

水泥浆密度/(g·cm⁻³)	试验温度/℃	缓凝剂加量/%	稠化时间/min
1.90	120	1	287
	150	2	201
2.40	120	1	217
	150	2	188

从研究结果看，体系随着温度的升高，水泥浆的稠化时间变短；此外，缓凝剂的加量能够很好地起到调节稠化时间的作用（图 4-6-13）。

4.6.2.4　高温强度发展

对 2.40g/cm³ 密度水泥浆的高温强度发展情况开展了超声波强度测试，水泥浆 150℃的稠化时间为 246min，分别进行了 130℃、140℃、150℃的 UCA 强度分析。分析结果显示：水泥浆早期（12h 内）具有较快的强度发展（有利于防气窜），12h 后养护温度越高，强度发展速率越快（图 4-6-14~图 4-6-16）。

从图 4-6-14 可知，12h 抗压强度为 1029psi，24h 抗压强度为 1501psi。

从图 4-6-15 可知，12h 抗压强度为 1060psi，24h 抗压强度为 2182psi。

从图4-6-16可知,12h抗压强度为1049psi,24h抗压强度为2233psi。

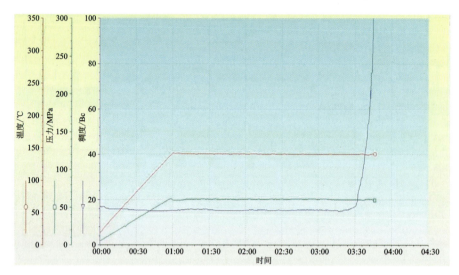

图4-6-13　1.90g/cm³150℃稠化曲线图

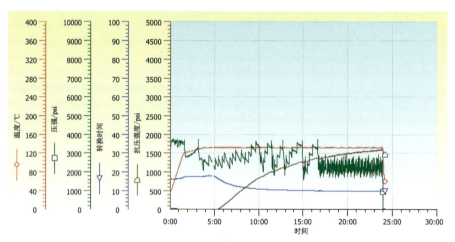

图4-6-14　130℃水泥石强度发展曲线图

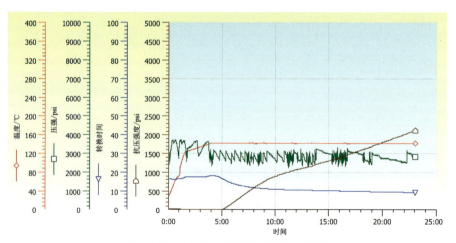

图4-6-15　140℃水泥石强度发展曲线图

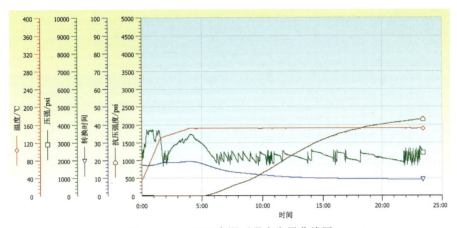

图 4-6-16　150℃水泥石强度发展曲线图

4.6.2.5　静胶凝强度发展

针对 2.40g/cm³ 密度水泥浆的高温强度发展情况开展了超声波静胶凝强度发展测试,水泥浆 150℃ 的稠化时间为 246min,分别进行了 130℃、140℃、150℃ 的 UCA 静胶凝强度分析。分析结果显示,水泥浆静胶凝强度发展 100~500bl/100ft² (1psi=6 894.757Pa;1bl/100ft²=4.17Pa),发展时间能控制在 20min 内,有利于防止气窜(图 4-6-17~图 4-6-19)。

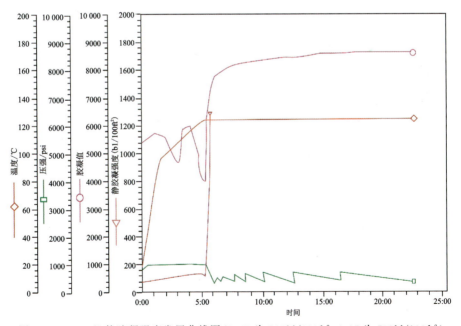

图 4-6-17　130℃静胶凝强度发展曲线图(3:46 为 100bl/100ft²,4:05 为 500bl/100ft²)

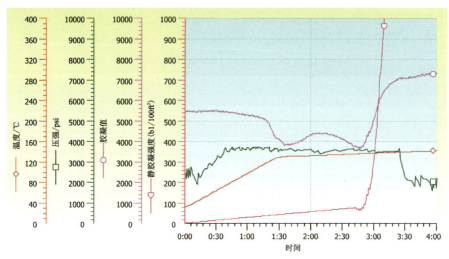

图 4-6-18　140℃静胶凝强度发展曲线图（2:50 为 100bl/100ft²，3:05 为 500bl/100ft²）

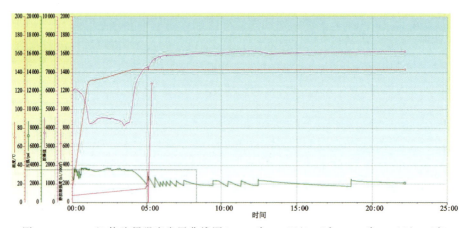

图 4-6-19　150℃静胶凝强度发展曲线图（4:55 为 100bl/100ft²，5:12 为 500bl/100ft²）

4.6.2.6　水泥石力学特性

对高温高密度防窜水泥浆体系的水泥石力学特性进行了测试，测试结果见表 4-6-10。

表 4-6-10　不同密度高温高密度防窜水泥浆力学性能统计表

水泥浆密度/(g·cm⁻³)	弹性模量/GPa	抗冲击强度/(kJ·m⁻²)
1.90	6.5	2.19
2.00	6.1	2.20
2.10	5.4	2.18
2.20	5.3	2.21
2.30	5.6	2.19
2.40	5.4	2.17

通过实验结果表明水泥浆密度越高,水泥浆的弹性模量越低,抗冲击强度变化不大。总体上看,不同密度水泥浆均具有较低的弹性模量和较高的抗冲击强度。

4.6.2.7 水泥浆防窜性能

一般认为 SPN 值小于 3,水泥浆具有良好的防气窜能力,SPN 值小于 3 时,其值越小水泥浆的防窜性越好。高温高密度防窜水泥浆 SPN 值测试计算结果见表 4-6-11。

表 4-6-11 不同密度高温高密度防窜水泥浆的 SPN 值

水泥浆密度/(g·cm^{-3})	SPN 值
1.90	2.32
2.10	2.56
2.20	2.79
2.30	1.46
2.40	1.10

由表 4-6-11 可见,不同密度水泥浆的 SPN 值均小于 3,且随着水泥浆密度升高,SPN 值呈降低趋势,其中 2.40g/cm³ 密度水泥浆 SPN 值可低至 1.10,显现出良好的防窜性能。

4.6.3 现场应用实践

4.6.3.1 应用效果

川南页岩气水平井垂深较深、地温梯度高、页岩地层孔隙压力、地层破裂压力相对较高,该区块固井主要特点是高温、高压、高密度,与中浅部页岩层固井技术相比,对水泥浆在高温高压下的力学性能及水泥石长期密封性提出了更高的要求。目前高温高密度防窜水泥浆体系在川南区块完成了 60 余井次的固井作业,固井质量合格率 100%,优质率达到 85% 以上。

4.6.3.2 典型案例

1. 基础数据

阳 HXX 井由江汉钻井一公司 70221JH 队承钻,是一口水平井。本开次采用 Φ215.9mm 钻头钻至井深 6090m 中完,拟下 Φ139.7mm 套管封固 0~6088m 井段,为下步压裂试气作业创造良好的井筒条件。

2. 固井技术难点

1)套管下入难点

套管下入深,下套管时间长,套管刚性和重量都较大,保证套管顺利下到设计井深是本次施工的一个难点。由于水平段长 1900m,套管与井壁发生长段面积多接触,导致下入套管摩阻较大。

2)水泥浆设计难点

该井在四开钻井时定向井仪器显示钻井温度 147℃,水泥浆试验温度取值 125℃。水泥浆实验温度高,对于水泥浆性能要求高。该井设计为水泥浆一次性返出地面,水泥浆封固段长,顶底温差大对水泥浆性能要求高。

3)施工风险

固井施工采用单级注水泥作业,环空液柱压力增加,由于要求水泥浆一次反出地面,存在漏失风险。

4)提高顶替效率难点

该井垂深较深,垂深最深为4062m,注水泥时预计压力最高35MPa(排量1.5m³/min),清水替浆时管预计压力可达55MPa(排量1.5m³/min)影响井口安全和后期顶替排量。

3. 水泥浆性能及效果

1)领浆性能

领浆配方:100%嘉华G级水泥+57.1%加重剂+50.8%淡水+3.2%降失水剂+1.4%纳米防窜剂+1.4%膨胀剂+1.75%分散剂+2.9%胶乳粉+0.8%缓凝剂($\rho=2.20g/cm^3$),具体评价数据见表4-6-12,领浆稠化曲线见图4-6-20。

表4-6-12　领浆的性能评价数据

实验性能	试验条件	性能测试数据
流变参数	93℃×20min	—/198/142/78/6/4
失水量	125℃×30min×7MPa	32mL
抗压强度	90℃×48h	14.3MPa
稠化时间	125℃×50MPa×45min	277min

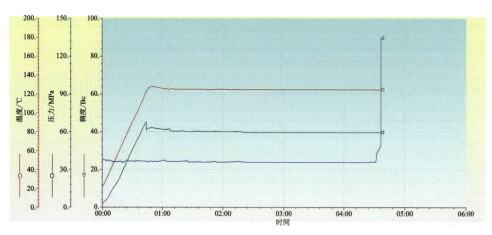

图4-6-20　领浆稠化曲线(稠化时间277min)

2)尾浆性能

尾浆配方:100%嘉华G级+35%硅粉+54%淡水+2.5%降失水剂+0.5%纳米防窜剂+1%膨胀剂+0.75%分散剂+2%胶乳粉+0.5%缓凝剂($\rho=1.88g/cm^3$),具体评价数据见表4-6-13,尾浆稠化曲线见图4-6-21。

表 4-6-13 尾浆的性能评价数据

实验性能	试验条件	性能测试数据
流变参数	93℃×20min	267/167/124/75/6/4
失水量	125℃×30min×7MPa	40mL
抗压强度	125℃×24h	17.6MPa
稠化时间	125℃×50MPa×45min	185min
弹性模量	125℃×21MPa×72h	6.92GPa

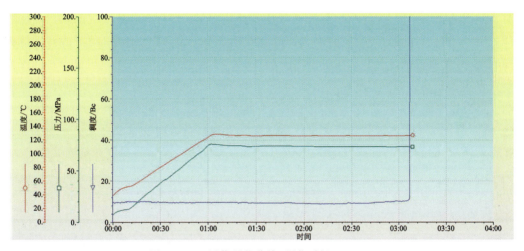

图 4-6-21 尾浆稠化曲线（稠化时间 185min）

3) 配伍性能

按以下比例对水泥浆进行配伍实验（表 4-6-14），实验结果显示水泥浆与泥浆、前置液等井筒流体混合不会出现闪凝等安全隐患，达到施工要求。

表 4-6-14 领浆与前置液的配伍性能

领浆量/%	前置液量/%	钻井液量/%	稠化时间/min
70	20	10	＞300
80	20	—	＞300
33	33	33	＞300

4) 固井质量

该井完钻井深 6088m，垂深 6964m，水平段长 1900m，裸眼井段 2877~6088m，套管重叠段 0~2877m，双凝界面位于 2677m 处，整体固井过程较为顺利。压裂车顶替碰压 55MPa，固井作业完成后井口加回压 15MPa。72h 候凝，测井质量合格率 100%，水平段优质率 90% 以上（图 4-6-22）。

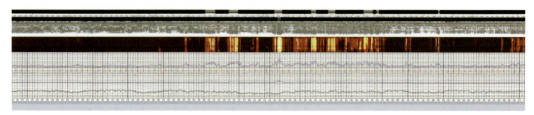

图 4-6-22 阳 HXX 井固井质量评价图

4. 结论与认识

深层页岩气井垂深较深、地温梯度高、页岩地层孔隙压力、地层破裂压力相对较高,直井段通常使用高密度水泥浆封固,以保障有效压稳地层,防止水平段出现气侵问题。高密度的沉降稳定性问题可以通过加重剂材料的颗粒级配来实现。针对大温差情况下的高低温强度发展问题,可以通过纳米材料和大温差缓凝剂材料优选来实现。

页岩气固井高温高密度水泥浆重点要解决沉降稳定性和高顶底温差下水泥石强度发展问题。只有保障良好的稳定性才能避免候凝期间水泥浆沉降堆积和静液柱压力无法传递的问题,进而避免水平段水泥浆的气窜发生。其次要求高温高密度水泥浆具有良好的大温差下强度发展速率,能够在 80~120℃ 温差下依然具有良好的强度是保障封固质量的关键。

4.7 特殊堵漏水泥浆体系

随着川南和涪陵等区块勘探开发的不断深入,受地质和增产措施影响,浅表层、储层裸眼段、井筒套管的漏失情况日益增多。由于常规堵漏浆堵漏时间长,且堵漏成功率和堵漏效果难以预控,采用水泥浆堵漏可以大量节省施工单位处理井下漏失停等时间,同时提高井筒承压能力,保证后续作业不会发生复漏。

4.7.1 油基钻井液条件下堵漏水泥浆体系

油基钻井液由于其特殊的高矿化度和油包水乳化结构,与水泥浆接触会不可避免地出现破乳、增稠等污染情况,严重影响堵漏水泥浆的施工安全和质量,因此油基钻井液条件下进行堵漏水泥浆作业具有很高的技术难度和施工安全风险。通过室内研究与现场实践相结合,构建了一套油基钻井液水泥浆堵漏技术,可以满足不同深度页岩气井堵漏作业需要,堵漏成功率达 50% 以上。

4.7.1.1 作用机理

针对川南和涪陵等区块使用油基钻井液、施工安全窗口窄、气层活跃、温度压力高等特点,开发出新型油基钻井液条件下堵漏水泥浆体系,提高川南和涪陵区块油基钻井液条件下注水泥塞成功率及质量。油基钻井液条件下堵漏水泥浆体系具有良好的防漏堵漏性能和抗油基钻井液污染性能,可以减少施工中的水泥浆漏失,保证水泥塞质量,与此同时,能够最大限度地降低油基钻井液对水泥浆流变性、稳定性、抗压强度的影响。

1.堵漏材料作用机理

水泥浆用堵漏材料主要以纤维类和颗粒类为主,其作用机理如下:①水泥浆中的纤维材料以不同长度的玻璃纤维为主,玻璃纤维可以在漏失裂缝处相互搭接形成网状架构,降低裂缝的漏失速率,增加流动阻力。有助于防漏堵漏水泥浆在裂缝处形成胶凝强度,进一步增加流动阻力,阻断液柱压力向地层传递,降低漏失速率,从而实现防漏堵漏效果。纤维防漏材料作用机理示意图如图 4-7-1(左)所示。②颗粒类防漏材料通常由刚性颗粒和弹性颗粒组成,其防漏机理是将不同形状、大小和数量的固体颗粒混入水泥浆中,利用这些颗粒的边锋与地层裂缝间的摩擦力,提高堵漏颗粒在裂缝边缘的阻挂和滞留机率,实现刚性堵漏材料在裂缝中的堆积。在一定的温度压力条件下,堵漏弹性材料会发生弹性形变,进一步提高堆积密度,达到封堵漏失通道的目的。颗粒类材料防漏示意图如图 4-7-1(右)所示。

图 4-7-1　堵漏材料作用机理示意图

2.抗污染剂作用机理

抗污染剂是提升水泥浆与油基钻井液相容性的关键材料。油基钻井液与水泥浆不兼容,油基钻井液中的油相与水泥浆混掺会形成不亲水的乳化结构,束缚自由水的流动,影响水泥浆的流变性和水化进程。因此抗污染剂的选择应从解决油相乳化结构分解方面着手。水泥浆体系常选择一种烷基苯环酸盐复配表面活性剂作为抗污染剂,该抗污染剂具有亲油亲水的双亲结构,能够有效的将油相乳化结构进一步分解成微乳状,使油相均匀分散在水泥浆体中,减少对水泥浆性能的影响。

4.7.1.2　水泥浆性能

油基钻井液条件下堵漏水泥浆推荐配方:G级油井水泥+加重剂(根据需要加入)+堵漏剂+0.5%～1.5%抗污染剂+1.0%～1.5%防气窜剂+2.5%～5.0%白油/柴油+0.5%～1.5%膨胀剂+0.5%～1.5%减阻剂+1.0%～3.0%降失水剂+0.5%～2.0%缓凝剂+水。具体使用可根据不同密度需求,调整各外加剂的加量。

1.防漏堵漏性能

对加入防漏堵漏剂的水泥浆性能和堵漏效果进行了室内研究评价,结果见表 4-7-1、表 4-7-2。

由表可知,随着防漏堵漏剂加量的增大,水泥浆流动性下降,沉降稳定性逐渐提升,对水泥浆其他性能没有显著影响;5%和10%防漏堵漏剂加量条件下,均能保证承压能力大于等于3.5MPa,能有效封堵漏失通道,且温度越高,压力越大,封堵效果越好。

表 4-7-1　防漏堵漏剂加量对水泥浆性能影响

序号	防漏堵漏剂/%	流动度/cm	90℃流变		API失水量/mL	自由水/mL	水泥石上下密度差/(g·cm^{-3})
			n	K/(Pa·sn)			
1	0	28	0.866	0.401	35	0	0.03
2	8	25	0.907	0.312	36	0	0.01
3	10	22	0.846	1.568	34	0	0.005
4	12	14	0.580	4.886	36	0	0.00

表 4-7-2　防漏剂加量对水泥浆防漏性能影响

序号	防漏堵漏剂/%	实验条件/(℃×MPa)	漏失液量/g	漏失时间/s	承压能力/MPa
1	0	25×0.1	500	13	封堵失败
2	5	25×0.1	361	21	>3.5
3	5	90×0.3	291	13	>4
4	10	25×0.1	231	21	>3.5
5	10	25×0.3	222	16	>4.5
6	10	90×0.3	163	9	>5

2.抗污染性能

不同密度水泥浆稠化性能、抗压强度及污染实验情况见表 4-7-3，2.05g/cm³密度堵漏水泥浆稠化曲线见图 4-7-2。

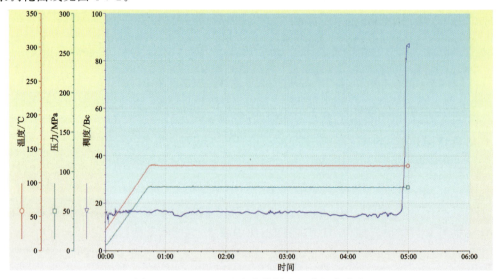

图 4-7-2　2.05g/cm³密度堵漏水泥浆稠化曲线

4 页岩气固井液体系

由图 4-7-2 和表 4-7-3 可知,油基钻井液条件下堵漏水泥浆初始稠度较低,流变性良好,稠化曲线良好,近乎"直角"稠化(图 4-7-2),SPN 值在 0.36~0.57 之间,具有较强的防气窜性能;与油基钻井液混掺,随钻井液混掺比例增加,稠化时间减少,1∶1 混掺水泥浆稠化时间能保障 180min 以上,满足水泥塞施工时间要求。

表 4-7-3 不同密度水泥浆稠化性能、抗压强度及与油基钻井液污染实验

序号	密度/(g·cm⁻³)	SPN 值	稠化时间/min	48h 抗压强度/MPa	混浆(水泥浆∶油基钻井液)稠化时间/min			
					8∶2	7∶3	6∶4	5∶5
实例 1	2.05	0.42	330	18.8	310	278	247	182
实例 2	2.15	0.57	347	17.2	307	276	228	198
实例 3	2.20	0.36	336	14.7	321	277	219	184

4.7.1.3 现场应用实践

以泸 XXH3-2 井堵漏水泥塞为例,以下作详细介绍。

1)基本数据

泸 XXH3-2 井是川南工区的一口生产开发井,设计井深 5635m,技术套管下深 2597m,钻进至 3686m 发生漏失,后续经历多次堵漏钻进至 4200m(A 靶 3830m),仍存在一定量漏失,发生复杂时的油基钻井液密度 2.18g/cm³,黏度 85s,因此采用注水泥塞方式封堵 3686~4200m 龙马溪组微裂缝、孔隙,提高井筒承压能力。

2)技术难点

高密度油基钻井液和水平段裸眼条件对注水泥塞施工提出了较大的挑战,技术难点如下:①油基钻井液条件下进行注水泥塞施工,油基钻井液易与水泥浆混合形成混浆,影响水泥塞质量;②215.9mm 裸眼环空容积大,注水泥浆施工排量有限,顶替效率无法保证;③高密度油基钻井液和高密度水泥浆均固相含量高,且亲水、亲油两极分化明显,兼容性差;④高密度水泥浆的高温流变性和沉降稳定性难以有效兼顾,对水泥浆性能要求高;⑤隔离液需进行加重,对油基钻井液冲洗效率和相容性有较大影响;⑥堵漏封固段长(514m)、深度深、温度和压力高,水泥塞施工风险高。

3)应用效果

水泥塞分三次施工,设计水泥浆密度 2.25g/cm³,实验条件温度 120℃,压力 77MPa。三次水泥塞稠化实验及污染实验数据见表 4-7-4~表 4-7-6。

从三次水泥塞稠化及污染实验数据可以看出,稠化时间满足施工要求,水泥浆从 30Bc 至 100Bc 过渡时间极短,满足水泥塞安全施工要求。本井三次水泥塞下钻探塞,塞面与设计塞面误差 10m 以内,水泥塞强度满足钻进需求,后期至完钻未发生漏失,取得了较好的施工效果。

表 4-7-4　3600～3850m 井段水泥塞实验数据表

稠化时间/min		大样实验							
基础浆密度 2.25g/cm³	水泥浆密度 2.25g/cm³	抗污染实验							
		泥浆	10%	20%	1/3	5	4	3	2
		隔离液	20%	10%	1/3	—	—	—	—
		水泥浆	70%	70%	1/3	5	6	7	8
322min	245min	流动度/cm	≥19	≥19	≥19	≥19	≥19	≥19	≥19
		稠化时间/min	300 未稠	300 未稠	300 未稠	178 起稠	202 起稠	238 起稠	257 起稠

表 4-7-5　3830～4020m 井段水泥塞实验数据表

稠化时间/min		大样实验							
基础浆密度 2.25g/cm³	水泥浆密度 2.25g/cm³	抗污染实验							
		泥　浆	10%	20%	1/3	5	4	3	2
		隔离液	20%	10%	1/3	—	—	—	—
		水泥浆	70%	70%	1/3	5	6	7	8
280min	325min	流动度/cm	≥19	≥19	≥19	≥19	≥19	≥19	≥19
		稠化时间/min	300 未稠	300 未稠	300 未稠	171 起稠	163 起稠	193 起稠	236 起稠

表 4-7-6　4000～4200m 井段水泥塞实验数据表

稠化时间/min		大样实验							
基础浆密度 2.25g/cm³	水泥浆密度 2.25g/cm³	抗污染实验							
		泥浆	10%	20%	1/3	5	4	3	2
		隔离液	20%	10%	1/3	—	—	—	—
		水泥浆	70%	70%	1/3	5	6	7	8
342min	365min	流动度/cm	≥19	≥19	≥19	≥19	≥19	≥19	≥19
		稠化时间/min	300 未稠	300 未稠	300 未稠	147 起稠	207 起稠	180 未稠	180 未稠

4)结论与认识

油基钻井液堵漏水泥浆体系具有堵漏效果好、相容性优良、施工安全性高的特点,堵漏成功率可达 50% 以上,为油基钻井液条件下漏失复杂井的堵漏提供了一条可行的技术手段,有效降低井筒复漏风险。但需要注意油基钻井液堵漏水泥浆施工需要良好顶替效率,减少水泥浆与钻井液混掺,降低水泥浆受污染带来的"插旗竿""灌香肠"风险。

4.7.2　超细高强堵漏水泥浆体系

页岩气井对井筒的完整性要求较高,当井筒完整性无法保障会造成压裂无法进行,甚至井筒报废,产生巨大的经济损失。针对套管破损导致的微漏失井筒,研发了超细高强堵漏水泥浆体系,主要由超细可胶凝材料构成,由于具有较小的粒径和较低的黏度能够有效进入裂缝缝隙,可有效实现微裂缝的封堵和套管破损处的充填修复。

4.7.2.1 作用机理

超细堵漏水泥浆主要是通过超细颗粒填充堆积特性,来实现微裂缝的充填修复。超细胶凝材料粒径在 0.2~120μm 之间(图 4-7-3)。根据颗粒级配紧密堆积理论,超细胶凝材料能够充分填充在常规水泥颗粒间隙,提高水泥浆体系颗粒堆积密度,从而显著提高封堵水泥石的密实度。

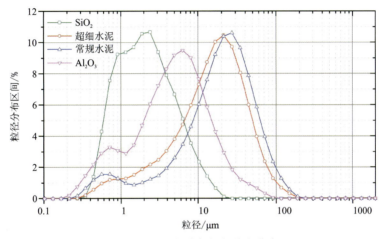

图 4-7-3 超细胶凝材料粒径分布

图 4-7-4 给出了超细水泥浆封堵套管破损处的封堵机理示意图。它的作用机理为:水泥浆中设计添加了大量的纳微米级固相活性胶凝颗粒,并采用了流性较好的降失水剂及分散剂等高分子材料,可以很好地提高堵漏浆穿透填补裂缝或微孔的能力,延长浆体在井筒中静置 30min 后仍保持流动性的时间;超细水泥和常规水泥中的硅酸三钙和铝酸三钙水化出大量的低聚态水化硅酸钙,它们以纳微米填充剂为晶核,逐渐缩聚并交联在一起,形成稳固的封堵物,从而起到封堵裂缝和套管破损处的效果。

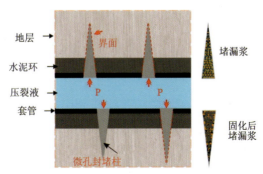

图 4-7-4 超细水泥浆封堵套管破损处的封堵机理示意图

4.7.2.2 水泥浆性能

1. 流变性能

超细高强堵漏水泥浆体系目前常采用连续油管进行泵注,由于连续油管内径小,水泥浆体系流动阻力大造成泵送压力高,为了降低泵送压力需要改善水泥浆流变性能。通过室内评价,超细高强堵漏水泥浆体系 n 值大于 0.75,具有良好的流变性能,K 值小于 0.55,在保证浆体良好流变性能的基础上具备了悬浮稳定性,浆体超细材料分布较为均匀,有助于水泥浆进入裂缝,其性能见图 4-7-5。

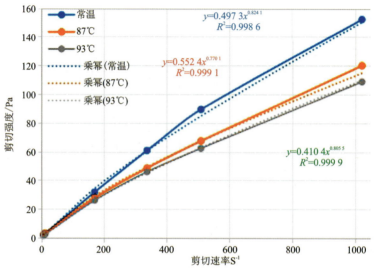

图 4-7-5 超细高强堵漏水泥浆体系流变性能图

2. 抗压强度

超细堵漏水泥石力学性能是实现充填修复的关键性能之一,其最终抗压强度将直接影响井筒承压能力。室内采用匀加荷压力试验机测试不同时间养护后超细堵漏水泥石抗压强度,其结果见图 4-7-6。

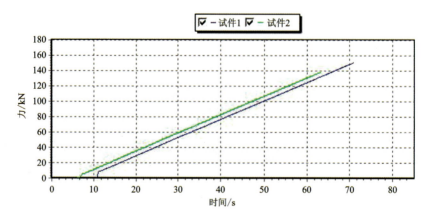

图 4-7-6 90℃水浴养护抗压强度测试结果图

备注:测试条件为速率 17.9kN/m,面积 2500mm²

由上图可知,试件 1 为养护 2 天的水泥石,其抗压强度为 46MPa,试件 2 为养护 7 天的水泥石,其抗压强度可达 57.9MPa,显示出较高的抗压强度,能够满足破损套管修复所需要的抗压强度要求。

3. 封堵性能

室内采用砂床堵漏仪进行超细堵漏水泥浆堵漏性能测试,选用 20～40 目砂粒作为砂床,厚度约 10cm。开展超细高强堵漏水泥浆体系与常规水泥浆体系砂床堵漏效果对比评价。测试结果见表 4-7-7。

表 4-7-7 水泥浆砂床堵漏测试结果

测试对象	超细韧性防漏水泥	常规水泥
配方	590g 超细胶凝材料＋118gJH-G＋21.24gWS-M＋14.16gFC-WL＋10.6gSCT-L＋4.25gHR-H＋1gXF-1＋360gH_2O	800gJH-G＋16gFC-W＋16gWS-M＋5gSCT＋7gSCT-L＋5gHR-H＋1gXF-1＋390gH_2O
砂床容积/cm³	350	350
水泥浆浆量/mL	450	450
测试时间/min	30	30
测试压力/MPa	1.5	1.5
水泥侵入深度/cm	2.3	0
砂床底部滤液/mL	5	48

由表 4-7-7、图 4-7-7 可知,超细高强堵漏水泥浆体系在 0.8MPa 下 30min 侵入砂床 2.3cm,收集到水泥浆滤液 5ml;常规水泥浆在 30min 侵入砂床 0cm,而收集到的水泥浆滤液为 48ml。故超细高强堵漏水泥浆体系具有更强的充填封堵能力。

图 4-7-7 水泥浆砂床堵漏实验设备

4. 施工安全性

超细高强堵漏水泥浆体系稠化时间对施工安全至关重要,不仅要保证泵注过程中的安全性,还要保证上提连续油管的安全性,此外还需留足时间来进行水泥浆挤堵。因此,需针对超细高强堵漏水泥浆体系进行正常稠化、温度高点稠化、温度低点稠化、密度高点稠化、停-开机稠化,以评价水泥浆的施工安全性(表4-7-8、图4-7-8)。

表4-7-8 超细高强堵漏水泥浆体系稠化时间表

实验	稠化时间
正常稠化	422min/63Bc
停机稠化	376min/87Bc
温度高点稠化/92℃	352min/76Bc
温度低点稠化/82℃	380min/83Bc
密度高点稠化/($1.87g \cdot cm^{-3}$)	418min/68Bc
停-开机稠化/92℃	正常

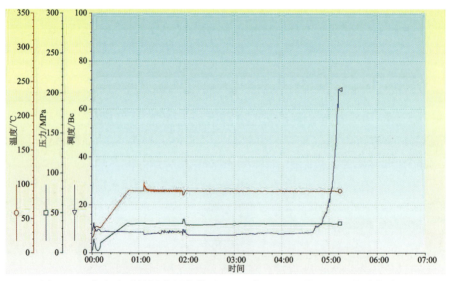

图4-7-8 超细高强堵漏水泥浆体系92℃/停-开机稠化50min实验曲线图

由表4-7-8和图4-7-8可见,与正常稠化时间相比,发散实验的稠化时间有所降低,但在相同的缓凝剂加量下,稠化时间均达到350min以上,能够充分保障连续油管上提和挤堵水泥的作业时间。

4.7.2.3 现场应用实践

超细高强堵漏水泥浆体系在涪陵工区焦页XX-3HF井套管柱破损堵漏施工中进行了现场应用,应用效果显著,可以满足压裂要求。

以焦页XX-3HF井堵漏水泥塞为例,以下作详细介绍。

1. 基础数据

焦页 XX-3HF 井由于提前误射孔导致套管壁以及连接的水泥环与地层出现孔洞、裂缝，套管试压无法稳压，井筒密封完整性受到破坏，无法为后期压裂提供良好的井筒条件。通过漏点检测，共有 2 处漏点，漏点 1 位置测深 3 136.0～3 137.4m、垂深 2775m，井斜 71°，井温 95.7℃；漏点 2 位置测深 3 285.25～3 286.60m，垂深 2797m，井斜 87°，井温 97.2℃（图 4-7-9）。

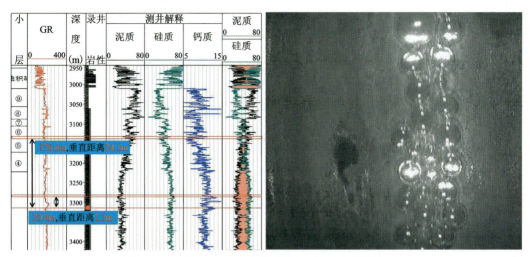

图 4-7-9　焦页 XX-3HF 井漏点层位（左）及炮眼照片（右）

2. 技术难点

堵漏作业深度深、孔洞破损点多和堵漏承压能力要求高对注水泥塞施工提出了较大的挑战，技术难点如下：①堵漏作业深度深，最大垂深 2797m，静止温度高，测试井温 97.2℃，对堵漏水泥浆的抗温性能要求高；②采用连续油管进行注水泥石施工，管径小，循环压耗大，要求水泥浆具有良好的流变性能；③施工流程包括注水泥、顶替、上提油管、洗井、挤注等多道工序，施工作业时间长，转换频次高，对水泥浆稠化时间和停开机性能要求高；④堵漏要求承压能力达到 60MPa 条件下吸水小于 30L/min，对水泥浆封堵性、渗透性和抗压强度要求高；⑤该井前期对破损处进行过酸化压裂作业，井筒水泥环和地层溶蚀情况不明，影响水泥塞封固效果。

3. 应用效果

堵漏井段分为 2 段，共进行了 3 次注水泥塞挤堵施工，具体应用情况如下。

1）第一次挤堵作业

由图 4-7-10 可知，通过第一次试压，在 50MPa 时出现压降 0.8MPa，在 60MPa 时，15min 稳定吸水量 46L/min。结合清水试挤结果分析[在 30～40MPa 压力区间，通过上层射孔孔眼计算清水最高漏速可达 1 502.4L/h（25L/min）]，仍需进一步加强炮眼的封堵，后续进行了第二次挤堵水泥浆施工（图 4-7-10）。

2）第二次挤堵作业

由图 4-7-11 可知，在第二次挤堵时，利用撬装泵车逐级打压至 60MPa，6min 后压力降低至 56.2MPa；打压至 70MPa，9min 后压力降低至 60MPa；再打压至 70MPa，期间泵入清水

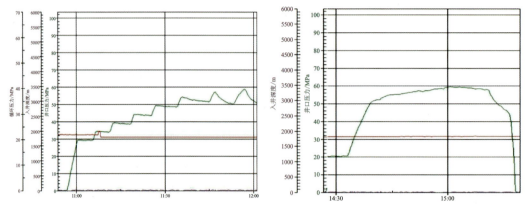

图 4-7-10 超细高强堵漏水泥浆体系第一次挤堵后试压(左)及吸水试验曲线(右)

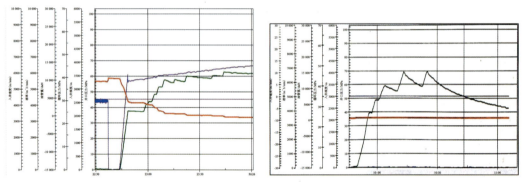

图 4-7-11 高强度微孔堵漏水泥浆体系第二次挤堵施工曲线(左)及挤堵后试压(右)

117L,8min 后压力降低至 60MPa,测得平均漏速 10.6L/min,取得了较好的堵漏效果(图 4-7-11)。

3)第三次挤堵作业

为了对两个漏点同时进行封堵,钻除了漏点 1 与漏点 2 之间的水泥塞及桥塞(3270m),下至 3600m;下 100mm 全封桥塞至 3440m 坐封;下至 3440m 注普通水泥 1.2m³,候凝后探塞面 3342m;对漏点 1 及漏点 2 吸水测试,排量 150～180L/min,泵压 39～41MPa;下至 3342m 注超细水泥 4m³,挤注入 1.9m³(最高 80MPa)后候凝。

第三次试压漏点 1,钻水泥塞至 3170m(漏点 1:3136～3 137.4m)。①打压至 40MPa, 5min 无明显压降;②打压至 50MPa,5min 降至 49.3MPa;③打压至 60MPa,5min 降至 58.6MPa;④打压至 70MPa,5min 降至 65.8MPa;⑤泄压至 50MPa,期间泵注入清水 180L,测得漏点 1 平均漏速 6L/min。

同时对漏点 2 也进行了试压,钻水泥塞至 3320m(漏点 2:3 285.25～3 286.6m)。 ①打压至 39.9MPa,5min 降至 39.3MPa;②打压至 49.8MPa,5min 降至 48.2MPa,8min 降至 47.2MPa;③打压至 60MPa,5min 降至 56.1MPa;④泄压至 47.2MPa,期间泵注入清水 160L,测得漏点 1 及漏点 2 平均漏速 10.6L/min,取得了显著的堵漏效果(图 4-7-12)。

4.结论与认识

生产套管炮眼的堵漏是一项挑战性的工作,堵漏水泥石的抗压强度、水泥浆与射孔段岩

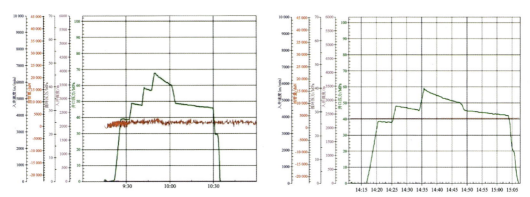

图 4-7-12　高强度微孔堵漏水泥浆体系第三次挤堵后漏点 1 试压(左)和漏点 2 试压(右)

层的胶结强度直接决定着堵漏水泥浆的套管完整性恢复效果的好坏。超细高强堵漏水泥浆具有流变性优良、抗压强度高、渗透封堵能力强、施工安全性高的特点,可以有效实现微裂缝的封堵和套管破损处的充填修复。应用实践表明,超细高强堵漏水泥浆体系较好地恢复了焦页 XX-3HF 井的井筒承压能力,证实了其在封堵炮眼、恢复井筒完整性方面的实用性。

4.7.3　速凝堵漏水泥浆体系

针对浅表层裂缝发育、溶洞型恶性漏失等难以采用常规堵漏方式堵漏的恶性漏失井,开发出了速凝堵漏水泥浆体系。该体系具有凝结快、早期强度高、微膨胀等特点,可以实现精准稠化时间控制,在水泥浆到达漏失层位后可迅速达到目标强度,能够及时封堵裂缝、溶洞。

4.7.3.1　作用机理

速凝堵漏水泥浆主要胶凝材料为硫铝酸盐水泥,与常用硅酸盐水泥的主要矿物成分不同,硫铝酸盐水泥熟料矿物主要是无水硫铝酸钙($3CaO \cdot 3Al_2O_3 \cdot CaSO_4$)、硅酸二钙($2CaO \cdot SiO_2$)和铁相($2CaO \cdot Fe_2O_3$-$6CaO \cdot 2Al_2O_3 \cdot Fe_2O_3$),具有稠化时间短、强度发展快、驻留性好和抗水稀释性能强的特点,稠化时间通常在 10~30min 之间。通过使用特种调凝剂 RET 和流型调整剂 FIT 来实现水泥浆的稠化时间和流变性调整。

1. 凝固时间调节

针对速凝水泥浆凝固的调节,以硼酸及其盐类为主,作用机理主要有两个方面:一方面是吸附作用,可以吸附于水泥颗粒表面,抑制水泥浆颗粒的凝聚,从而起到缓凝作用;另一方面是 RET 分子对水泥浆中的 Ca^{2+}、Al^{3+} 离子具有很强的螯合作用,通过螯合作用降低液相中 Ca^{2+}、Al^{3+} 浓度,从而减缓水泥的水化速率。

螯合作用机理如图 4-7-13。

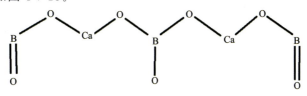

图 4-7-13　RET 分子对水泥浆 Ca^{2+} 螯合作用机理图

2. 流型调节

流型调整剂 FIT 为高分子材料,其作用机理为通过高分子上的极性键吸附连接水泥颗粒,提高水泥浆的黏度和抗稀释能力。堵漏过程中水泥浆漏失量越小,水泥浆留存在裂缝、溶洞中的量越多,堵漏成功率越高,因此要求水泥浆具备一定的结构强度和抗稀释能力,以保证堵漏成功率(图 4-7-14)。

图 4-7-14 速凝堵漏水泥浆抗水稀释性能实验图

4.7.3.2 水泥浆性能

通过调整特种调凝剂和流型调整剂,使水泥浆性能满足现场施工要求。

1. 稠化性能

涪陵工区漏失严重地层主要在上部雷口坡组和嘉陵江组,模拟嘉陵江组地层平均温度压力条件,试验不同加量调凝剂 RET 对水泥浆稠化性能及抗压强度的影响(常压、35℃),实验结果见表 4-7-9。

表 4-7-9 调凝剂 RET 加量对水泥浆稠化时间和抗压强度实验数据表

RET 加量/%	稠化时间/min	4h 抗压强度/MPa	24h 抗压强度/MPa
0	18	13.5	31
0.5	50	12.7	30
1.0	89	7.4	31
1.5	153	1.9	32
2.0	189	0.7	30

通过实验数据可以看出,不加调凝剂 RET 条件下水泥浆稠化时间仅 18min,施工存在极大风险;随着调凝剂 RET 加量增大,稠化时间随之延长,4h 抗压强度有所降低,24h 抗压强度均能达到 30MPa 以上,可以满足后续钻井施工需求。

2. 抗稀释能力

试验 1.5% RET 加量条件下不同流型调整剂 FIT 加量对水泥浆流变性能和抗稀释能力的影响,抗稀释性实验取 50mL 配置好的水泥浆,倒入 400mL 清水,使用六速旋转黏度计 300r/min 转速搅拌,观察水泥浆分散性,实验结果如表 4-7-10。

表 4-7-10 流形调整剂 FIT 对水泥浆流变性和抗稀释能力的影响

FIT 加量/%	流变性(六速读数)	稠化时间/min	8h 抗压强度/MPa	冲刷时间/min	稀释情况
0	255/170/133/88/21/14	149	20.8	3	完全扩散
0.5	290/182/136/78/16/13	155	18.8	4	完全扩散
1.0	—/215/162/101/18/13	153	18.2	10	部分扩散
1.5	—/228/171/102/18/13	159	16.5	10	部分扩散
2.0	—/253/185/111/26/20	146	17.5	10	上部扩散

由表 4-7-10 可知,随流型调整剂 FIT 加量的增加,水泥浆的稠度明显增大,水泥浆稀释程度逐渐降低;对稠化时间几乎没有影响,抗压强度随 FIT 加量增加略有下降。实验结果证明,流型调整剂 FIT 可以有效提高水泥浆稠度和抗稀释能力,同时不影响稠化时间和抗压强度,满足堵漏施工要求。

4.7.3.3 现场应用实践

速凝堵漏水泥浆体系在涪陵工区主要用于表层、技术套管严重漏失井的堵漏和固井施工作业。以双页 X 井技术套管固井施工为例。

1. 基础数据

双页 X 井是一口预探井,二开钻至 1000m 开始发生失返性漏失,先后采用钻井液桥堵、常规水泥浆堵漏以及隔水凝胶堵漏等方法堵漏,均堵漏失败,遂抢钻至 2260m 中完,下入 244.5mm 技术套管固井。

2. 技术难点

封固段地层恶性漏失和漏失层多对技术套管固井施工提出了较大的挑战,技术难点如下:①1000～2260m 漏失井段长,漏失层位多,漏点无法确定,固井漏失风险高;②311.2mm 井眼环空容积大,顶替效率无法保障,水泥环易形成厚薄不均或漏封空段;③常规密度水泥浆密度在 1.85～1.88g/cm³ 范围之间,水泥浆密度远大于清水,进一步增加了固井漏失风险;④二开采用清水抢钻至完钻井深,地层连通性好,水泥浆难以驻留在近井眼地层,施工效果无法保证。

3. 应用效果

首先使用常规水泥浆封固失返点以下完好地层,通过环空反挤速凝水泥和常规水泥,根据施工时间计算好速凝堵漏水泥浆稠化时间,先挤入 8～10m³ 的速凝堵漏水泥浆,随后在失返点以上注入与环空体积等量的水泥浆,候凝 24h 后,向环空灌水检查水泥面高度。若水泥面高度在失返点附近则重复上述操作直至水泥浆返出井口,若水泥面高度明显高于失返点则注入自由井段水泥浆量至水泥浆返出井口。双页 X 井技术套管反挤施工过程如表 4-7-11。

表 4-7-11 双页 X 井技术套管反挤施工过程表

顺序	工作内容	工作量/m³	密度/(g·cm⁻³)	排量/(m³·min⁻¹)	压力/MPa	注入量/min	累计注入量/m³
			第一次反挤				
1	试挤清水	4	1.00	1.0～1.2	2.0	4	4
2	常规水泥浆	54	1.88	1.0～1.2	2.2↓0	54	58
3	备注:通过压力判断水泥浆流入地层,关环空候凝,准备第二次反挤。						
			第二次反挤				
1	试挤清水	4	1.00	1.0～1.2	2.0	4	4
2	速凝堵漏水泥浆	10	1.80	1.0～1.2	2.2	10	14
3	常规水泥浆	20	1.88	1.0～1.2	2.2↓1.0	20	34
4	备注:反挤施工结束存在压力,说明速凝水泥成功堵住部分漏失通道,降低了漏失速率。关井候凝 40min,组织第三次反挤。						
			第三次反挤				
1	试挤清水	4	1.00	0.5～0.8	2.5	4	4
2	速凝堵漏水泥	10	1.80	1.0～1.2	2.5↓2.3	10	14
3	常规水泥浆	12	1.88	1.0～1.2	2.3↑3.5	12	26
4	反挤过程中压力上涨,说明下部速凝水泥浆已形成结构并完全封堵漏失通道						
5	常规水泥浆	10	1.88	1.0～1.2	3.5↑4.5	10	36
6	备注:水泥浆返出井口,冲洗套管头,关环空候凝。						

由上表可知,经过 3 次反挤施工,累计使用速凝堵漏水泥浆 20m³,常规水泥浆 96m³,水泥浆返出井口,取得了较好的施工效果。

固井测声幅质量显示,0～48m 声幅值 10～40%,49～995m 声幅值基本 10% 以内,996～1025m 基本无水泥,1026～1035m 声幅值 30% 左右,1036～1058m 基本无水泥,1059～1095m 声幅值 30%,1096～1113m 基本无水泥,1114～2147m 声幅值基本 10% 以内,如图 4-7-15。全井段除两段漏失井段共 50m 无水泥,其他井段均存在水泥,且优质井段(声幅值<10%)占全井段 85%,证明速凝堵漏水泥可以有效解决溶洞、裂缝等情况下失返性漏失井固井难题。

4. 结论与认识

速凝堵漏水泥浆体系具有凝结速度快、早期强度高、微膨胀、抗水稀释性能强的特点,对恶性漏失井堵漏具有较好的适用性,通过调凝剂和流型调整剂可实现稠化时间的精准可控,

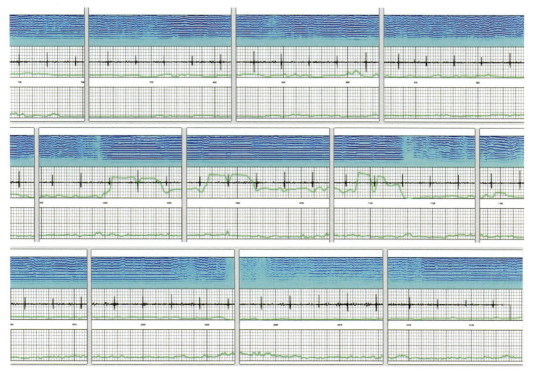

图 4-7-15　双页 X 井技术套管固井声幅质量(上:漏失段以上;中:漏失段;下:漏失段以下)

满足现场安全施工要求。但需注意施工的连续性,如出现设备等故障导致施工中断,应快速启动应急预案,并将施工车辆管汇和工具内的残留水泥浆及时清洗干净。

4.7.4　隔水凝胶堵漏体系

针对高渗透水层,一般堵剂很难驻留,严重影响封堵效果,所以要对高渗水层实现有效的封堵,需要解决堵剂的驻留问题。对于页岩气开发过程中井眼异常出水,严重影响正常钻井和固井作业,研究开发了隔水凝胶堵漏体系。

隔水凝胶是一种可泵送弱凝胶,其具有一定结构强度,在流动过程中能有效减少混浆的情况,用于堵漏时通常与水泥浆配合使用,能有效的防止地层水对水泥浆固化的影响,帮助水泥浆有效驻留在漏缝中,有效提高水泥堵漏的成功率。该体系具有遇水不分散性和配伍性优良的特点,可以隔离地层水,与堵漏水泥浆配合形成隔水凝胶固井段塞,实现水层的有效封堵,为下步钻完井施工创造条件,实物见图 4-7-16。

从图 4-7-16 可以看出,普通凝胶在水中搅拌后会分散,而隔水凝胶在水中搅拌后,没有分散,仍然是一个整体,说明隔水凝胶在水中有很好的形状保持能力。由于普通凝胶在水中遇到外力作用后结构不稳定,容易分散,且会溶解在水中,实现不了隔离地层流体的作用。因此需要对普通凝胶进行改性,使其在水中即使有外力作用也具有很好的结构稳定性,施工过程中不分散,不溶解,以此来实现对地层流体的隔离,使水泥堵剂维持很好的驻留。

普通凝胶　　　　　　　　　　　　　　隔水凝胶

图 4-7-16　普通凝胶与隔水凝胶状态图

4.7.4.1　作用机理

隔水凝胶体系是由含活泼氢原子的增联剂与含环氧基的交联剂构成，凝胶呈现空间网状结构，具有良好的稳定性和隔水效果。其作用原理是①含有活泼氢原子的增联剂与交联剂中环氧基作用，使环氧基开环形成羟基，羟基与环氧基再醚化反应，最后生成网状或梯形聚合物；②随着交联反应的进行，体系中的小分子通过交联键连接在一起，分子间作用增强，分子间隙变小，堆积程度更加紧密；③当交联度达到一定值时，所有的分子通过交联键形成一个无限的 3D 网状结构，具有较强的结构力，其交联过程见图 4-7-17。

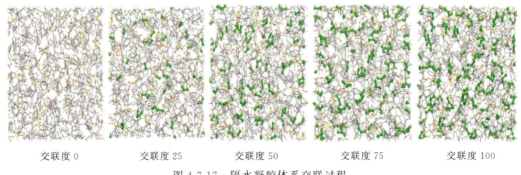

交联度 0　　　　交联度 25　　　　交联度 50　　　　交联度 75　　　　交联度 100

图 4-7-17　隔水凝胶体系交联过程

隔水凝胶体系最突出的特点是：

(1)凝胶与地层水相遇时，很难互相混合而各自保持成独立的一相，即水很难与它混合并冲稀它，该凝胶在水中不分散有一定的堵水功能；

(2)流体有很好的粘弹性，且弹性比例高，能过喉道膨胀，静止后要使其移动必须克服足够的弹性阻力；

(3)隔水凝胶可以有效隔离井筒流体与水泥浆接触，避免井筒流体对水泥浆性能产生影响，与水泥浆的配伍性良好，两者任意比例混合均不会造成沉淀、絮凝等污染现象；

(4)凝胶强度是分子间作用力大小的体现，凝胶强度大，说明分子间作用力较大，所形成的分子结构较稳定，凝胶本身不易被破坏。凝胶静置后产生内部结构而且会随时间而增强，

4 页岩气固井液体系

欲使之恢复流动必须附加更大的应力以克服此静切力;

(5)与其它固体材料(如桥塞粒子、水泥、膨润土等)混合而不影响自身的特性;

(6)油、气混入此流体后很难移动;

(7)对钻井液、固井水泥浆无明显损害。在漏失特别严重的井,配合水泥浆及其他堵漏剂堵漏,可以有效提高堵漏的成功率。

凝胶的剪切稀释特性非常强,黏弹性很高,凝胶进入井内的时间越久其黏度就会越高,当它进入漏层通道内后,流动阻力会逐渐增加,积累到一定程度后对漏层通道具有封堵作用。凝胶本身不具有强度,其产生的堵漏作用是暂时性的。凝胶配合水泥堵漏,可以将水泥浆堵在井壁附近的漏失通道内直到凝固,大大提高水泥堵漏效果。

4.7.4.2 隔水凝胶性能

隔水凝胶推荐配方:0.8%交联胶+0.5%交联液+0.1%杀菌剂+98.6%水。

1)隔水凝胶性能

将配制好的固井隔水凝胶 50mL 倒在 250mL 水中,静置 1min,观察隔水凝胶在水中的状态。然后将其在六速旋转黏度计上 300r/min 条件下搅拌 5min,然后静置 1min,观察隔水凝胶在水中的状态。凝胶性能评价见表 4-7-12。

表 4-7-12 隔水凝胶稳定性评价现象

稳定性能评价	
搅拌前	搅拌后
一个整体	整体,不分散、不互溶

隔水凝胶液在配制完成后,是一个完整的凝胶团,在搅拌 5min 后,凝胶液依然是一个整体,液体不分散,不互溶,说明凝胶稳定性优异,在泵送过程中,能保证性质稳定。

2)隔水凝胶与水泥浆配伍性

隔水凝胶通常与水泥浆配合使用,良好的配伍性是保证安全施工的前提,隔水凝胶与常规水泥、速凝堵漏水泥的配伍性见表 4-7-13、表 4-7-14。

表 4-7-13 隔水凝胶与常规水泥浆的配伍性数据

隔离液:水泥浆	流变性					
	$\Phi 600$	$\Phi 300$	$\Phi 200$	$\Phi 100$	$\Phi 6$	$\Phi 3$
0:100	285	156	116	63	5	3
5:95	262	151	110	62	9	5
25:75	228	145	103	62	19	12
50:50	198	127	96	60	21	15
75:25	151	100	76	48	18	14
95:5	169	131	115	87	35	30
100:0	123	103	92	78	45	39

表 4-7-14 隔水凝胶与智能快干水泥浆的配伍性数据

隔离液∶水泥浆	流变性					
	Φ600	Φ300	Φ200	Φ100	Φ6	Φ3
0∶100	290	200	165	105	13	7
5∶95	289	165	126	87	17	13
25∶75	276	159	118	78	19	16
50∶50	247	136	103	65	21	15
75∶25	186	92	76	53	24	19
95∶5	155	102	796	66	32	17
100∶0	123	103	92	78	45	39

以上数据显示隔水凝胶与常规水泥以及速凝堵漏水泥浆均有较好的配伍性，任意比例混合均未发现有明显的絮凝沉淀。

4.7.4.3 现场应用实践

隔水凝胶堵漏体系在涪陵工区主要用于导管、表层等严重出水井的堵漏及固井作业。以焦页 XX 井地层出水固井施工为例。

1）基础数据

焦页 XX 井是位于涪陵工区的一口开发井，钻至 586.93m 时，钻遇地下暗河，井口出水，关井套压为 0.4MPa，平均出水量达 420m³/h。异常巨大的出水量致使现场堵漏浆堵漏、重浆压井都收效甚微。喷涌而出的地层水携带有大量的岩屑和砾石，不仅影响着正常的钻井作业，同时也为井场环保安全以及后期下套管、固井作业带来了巨大的风险和挑战。

2）技术难点

对异常出水危害进行了分析归纳，技术难点如下：

(1) 大量的地下水由井口喷涌而出，为井场周围的环境保护及安全造成了巨大的压力；

(2) 地下暗河中携带有大量的岩屑和砾石，为正常起下钻作业带来较大的风险；

(3) 井眼中持续不断的水流及其携带的泥沙、岩屑、砾石为正常下套管作业带来了安全风险；

(4) 地层水持续喷出，极易将到达出水层周围环空的水泥浆稀释、冲散，致使固井水泥浆性能无法满足封固要求，进而导致固井作业失败；

(5) 即使固井作业能够顺利实施，环空的封固质量也难以得到保障，井底流动的水流极易在水泥浆候凝失重时上窜，进而形成窜流通道，致使水泥环密封失效。

3）应用效果

(1) 施工过程

采用隔水凝胶与正注反挤工艺相结合，保障固井水泥浆浆体质量，确保固井作业成功。具体施工流程及参数见表 4-7-15。

表 4-7-15 正注水泥浆现场施工参数

工作内容	工作量/m³	密度/(g·cm⁻³)	排量/(m³·min⁻¹)	压力/MPa
管汇试压	/	/	/	25
隔水凝胶	4	1	1.1	0~2
水泥浆	20	1.85~1.90	1.3	0~2
替清水	45	1.00	1.3	0~2

候凝 10h 后,打开 13-3/8″半封闸板以及 3a 闸门,井口立刻有清水流出,流速较注水泥前降低了一半。

候凝 12h 后,正注水泥浆强度达到 3.5MPa,现场开始进行返挤作业,作业流程如下:

①关闭 13-3/8″半封闸板,关 3a 闸门;

②通过反循环压井管线,试挤稠浆 5m³;

③固井车配置凝胶 5m³,反挤入井;

④注前置液 2m³,环空反挤速凝水泥浆 5m³+常规水泥浆 20m³,速凝水泥浆凝固时间控制在 40min,水泥浆密度 1.85~1.90g/cm³;

⑤平推清水 0.5m³,继续反挤速凝水泥浆 5m³,后替清水 0.5m³,关 2b 闸门候凝。

(2)封隔效果

候凝 1h 后,速凝水泥浆开始起强度,当强度达到 3.5MPa 时,打开 13-3/8″半封闸板以及 3a 闸门,井口无清水返出,固井作业成功,异常出水复杂地层钻完井作业顺利完成。在后续 3 口井也进行了应用,作业成功率 100%,取得了显著的应用效果。

4)结论与认识

针对钻遇地下暗河、漏失伴随有出水地层,利用隔水凝胶优异的隔水特性进行堵漏固井作业,可保障固井水泥浆浆体质量,提高固井水泥浆封隔效果。现场应用实践表明,该技术能够很好的满足异常出水复杂地层钻完井作业要求,可为类似井况复杂事故处理做技术参考。

5 固井质量管控与评价

YEYANQI

5 固井质量管控与评价

固井是页岩气钻井工程的重要环节之一,固井质量是直接影响页岩气田开发效益的主要因素。好的固井质量,为页岩气井的射孔、压裂、酸化作业及正常生产提供良好的层间封隔作用,保证气田安全生产。而差的固井质量,不能提供有效的层间封隔作用,分段压裂过程易出现层间窜槽,导致压裂改造效果不理想,并引起套管腐蚀、套损甚至成片套损等工程问题。因此,必须对固井质量进行管控与评价,提高固井施工的安全和质量,保证井筒长久密封完整性,为后期储层改造和生产作业提供优良的井筒条件,助力页岩气田的效益开发。

5.1 固井质量节点管控

固井是个综合的系统性工程,固井质量影响因素较多,必须对固井施工中的各项作业环节进行全程把控和监管,确保各项技术措施的落实和执行。在结合当前页岩气固井工艺技术特点的基础上制定针对性的固井质量节点管控体系,将整个固井流程分为固井准备、固井施工及固井后期跟踪3大类、22项、266个节点,从固井施工设计、井眼准备、水泥浆实验、车辆装备和工具附件、固井现场施工、应急预案、资料整理和质量评价等方面进行详细规定和要求,将繁杂的工序流程化和标准化,明确施工关键节点和责任人,降低固井施工故障和复杂的发生率,保证固井施工的安全和质量。下面内容将详细介绍固井质量节点管控具体内容。

5.1.1 固井准备

5.1.1.1 固井协调会

完钻前500~800m开始进入固井准备阶段,固井公司派出技术人员与设备管理人员前往井场召开固井协调会,了解基本情况。主要内容和要求:

(1)勘察设备进场路线。页岩气区块常属于山地,道路狭窄,山体滑坡、塌方时有发生,选择道路应满足施工车辆通行顺畅,尽量避免地质灾害频发、单行道等路段;另外记录道路拐点、会车点、电线、居民房屋等容易引起行车争议地点,以便后期设备上井提示;

(2)井场布局。了解井场基本布局,与井队协商好灰罐、水罐、前置液罐摆放位置;了解水源地、供电设备、供水设备情况,方便固井设备的准备;

(3)本井基本资料。了解资料包括完钻井深、井深结构、地质层位、井下复杂情况、钻井液性能、地层温度、钻井液储备与存放空间、邻井情况等相关资料;

(4)井眼准备要求。①通井作业,下套管前下入不小于套管刚性钻具组合,对缩径、摩阻较大、侧钻等井段充分扩划眼,并采用大排量循环或纤维洗井方式清洁井筒,减小下套管摩阻;②钻井液性能调整,例如焦石工区进出口密度波动0.02g/cm³以内,黏度<55s,固相含量要求<22%,其他区块视钻井液体系、密度调整;下完套管后要求≥1.80m³/min排量循环三周以上;③提承压试验,根据模拟施工动态井底ECD,确定提承压当量密度。完井井眼准备节点质量管控见图5-1-1。

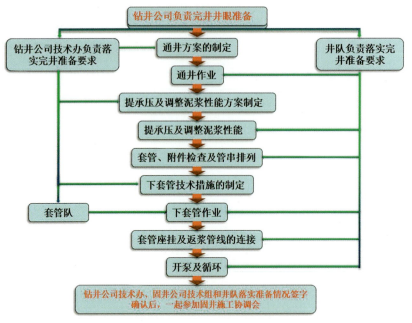

图 5-1-1　井眼准备节点质量管控流程图

5.1.1.2　固井施工设计

固井公司技术人员按照甲方《钻井工程设计》和完井讨论相关要求,做好《固井施工设计》,根据固井技术人员上井了解的完钻井身结构、井温、井眼轨迹、井径扩大率、井下复杂情况、地质情况、邻井生产情况以及钻井液性能等相关资料,制定《固井施工设计》。

《固井施工设计》节点根据井上了解情况,对固井重难点对策、套管串及附件的安放、扶正器种类及排列方式、流动摩阻、前置液和水泥浆体系、浆柱结构、施工参数、实验情况、设备准备及应急预案进行重点设计,并报予固井公司、钻井公司和技术管理部门三级审批,最后上报甲方审批,对固井施工提供依据。固井施工设计节点质量管控流程见图 5-1-2。

《固井施工设计》内容及要求：

(1)确定固井方式及返高。表层采用单级注水泥固井方式,要求水泥浆返出地面；技术套管一般采用"正注反挤"工艺,要求水泥浆返出地面,特殊情况根据甲方要求采用"双凝双密度"单级注水泥固井工艺；产层采用"双凝双密度"或"三凝双密度"单级注水泥固井工艺,水泥浆返高根据甲方钻井工程设计要求确定。

(2)明确本井重难点,制定相应对策。

(3)套管串强度校核。要求套管三轴强度满足抗拉、抗压、抗屈曲等力学要求。

(4)附件设计。包括扶正器种类及排放方式,浮箍、浮鞋压力级别、扣型,其他特殊附件等。

(5)钻井液性能调整。

(6)提承压试验。

5 固井质量管控与评价

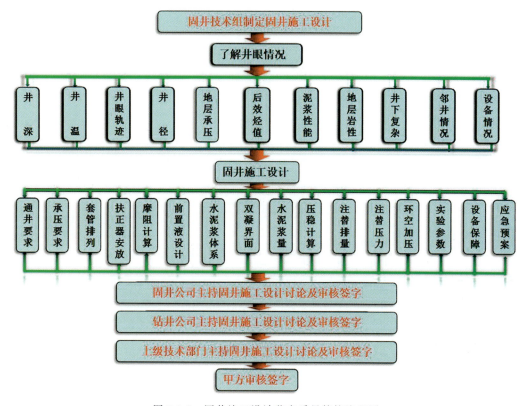

图 5-1-2 固井施工设计节点质量管控流程图

(7)前置液性能。根据钻井液性能和井下复杂情况确定,涪陵工区三开一般采用油基钻井液钻进,要求前置液密度一般大于钻井液密度 $0.02 \mathrm{g/cm^3}$,且具备良好的界面润湿反转性能,如果前期出现井下漏失的情况,前置液中要加入一定比例防漏纤维,起预防井漏效果。

(8)水泥浆设计。包括水泥浆体系、密度及用量。

(9)施工参数。根据满足顶替效率、泥饼冲洗要求和设备性能确定施工参数,根据漏失情况视情况调整施工排量。

(10)环空加压方案。

(11)应急预案。包括井控、防漏、未碰压、浮箍浮鞋失效、设备故障、HSSE 等应急预案编写,应对现场突发事况。

5.1.1.3 水泥浆实验

按照《固井施工设计》要求进行固井水泥浆实验,它是保证固井施工安全和质量的决定因素。严格执行实验报告签字审批和三方复核流程,按照水泥灰及外加剂质检、小样实验、半大样实验和大样实验的节点流程来管控水泥浆实验质量,其中大样实验严格按照固井公司、甲方和第三方进行三方复核实验,实验结果均满足施工设计要求方准许现场施工,确保固井施工的安全和质量。固井水泥浆实验节点质量管控流程见图 5-1-3。

水泥浆设计及实验主要考虑以下因素。

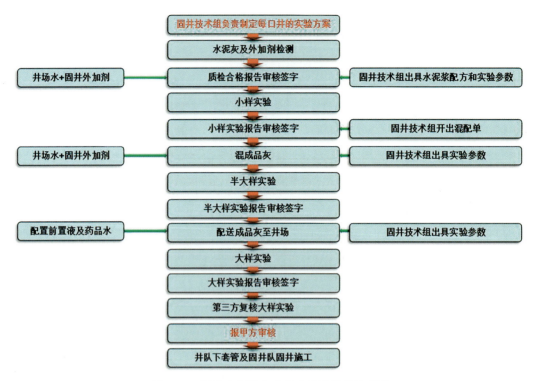

图 5-1-3 固井水泥浆实验节点质量管控流程图

(1)地层孔隙压力、地层破裂压力、地层漏失压力和地层承压能力试验值;
(2)地层流体性质;
(3)井底静止温度和循环温度;
(4)水泥封固段长度和环空间隙大小;
(5)井型和固井施工工艺;
(6)甲方的特殊要求。

水泥浆实验主要内容和要求:

1)密度

水泥浆密度确定应参考地层孔隙压力、地层破裂压力、地层漏失压力和地层承压能力试验值,一般应比同井使用的钻井液密度高 0.05g/cm³ 以上,漏失井和异常高压井应根据地层破裂压力和平衡压力原则设计水泥浆密度。

2)稠化时间

常规固井水泥浆稠化时间一般情况下是施工时间附加 60~90min 安全时间;尾管固井的水泥浆稠化时间为配浆开始至提出(或倒开)中心管并将多余水泥浆冲洗至地面的总时间附加 60~90min 安全时间;分级固井的一级水泥浆稠化时间为从配浆开始至打开循环孔并将多余水泥浆冲洗至地面的总时间再附加安全时间;注水泥塞施工水泥浆稠化时间为水泥塞施工时间附加 60~90min 安全时间,再加上井队起钻具至安全井段时间。

3）水泥浆配方

依据水泥类型、地层流体性质、地层岩性、井底温度、井底压力和后期改造作业等确定外加剂、外掺料的类型和加量。表层常使用常规水泥浆体系，技套根据施工工艺不同选择不同水泥浆体系，"正注反挤"使用常规密度防气窜水泥浆，"双凝双密度"单级固井领浆采用低密度水泥浆，尾浆使用常规密度防气窜水泥浆体系；产层领浆使用防窜低密度水泥浆，漏失井可适当加入一定比例防漏纤维，尾浆使用常规密度防窜增韧性水泥浆，满足目的层地层防气窜和后期增产压裂需求。

4）抗压强度

常规固井水泥浆抗压强度满足行业标准SY/T6544中的规定，常规密度水泥浆48h抗压强度不低于14MPa；低密度水泥浆48h抗压强度不低于7MPa。

5）沉降稳定性

常规井水泥浆2h静置上下密度差应均不大于$0.03g/cm^3$，定向井、水平井和大斜度井上下密度差小于或等于$0.01g/cm^3$。

6）滤失量及游离液

对页岩气水平井和需要对油气层保护的井固井，滤失量及游离液的要求比较严格，应满足行业标准SY/T5374.2—2006《固井作业规程第2部分：特殊固井》的要求。

7）其他性能

页岩气水平井固井水泥浆其他性能实验，主要包括流变性实验、抗油基钻井液污染实验、力学性能测试、防气窜实验等，实验应满足行业标准SY/T 6544—2017《油井水泥浆性能要求》规定的要求。

5.1.1.4 附件选择

按照《固井施工设计》要求进行附件选择，主要包括扶正器、浮箍、浮鞋、尾管悬挂器、管外封隔器和其他工具附件的选择。根据不同的井型、井况和现场情况确定。

1）扶正器选择

（1）表层套管扶正器通常4～5根套管一只刚性扶正器。

（2）技术套管扶正器上层套管内3～4根套管一只刚性扶正器，下部裸眼段5～6根套管一只整体弹性扶正器。

（3）产层套管直井段5根套管一只刚性扶正器，定向至A靶段2～3根套管一只刚性扶正器，水平段1根套管一只刚性或滚珠扶正器，扶正器类型根据甲方要求和井眼轨迹情况确定。

2）浮箍、浮鞋选择

（1）表层套管浮箍、浮鞋根据钻井工程设计或井下情况下入引鞋或浮鞋，扣型常使用气密封扣型BTC。

（2）技术套管浮箍、浮鞋由于管内外压差较小，通常使用35MPa级别，扣型根据下入套管扣型决定，例如涪陵工区常用技术套管浮箍、浮鞋为LTC扣型。

（3）产层套管浮箍、浮鞋压力级别根据碰压压力决定使用70MPa或105MPa级别，一般情况下焦石、白马等区块常使用70MPa，复兴、川南等区块深井、高压井常使用105MPa级别，扣型选择气密封 TP-CQ 扣型。

3)其他工具附件选择

尾管悬挂器、管外封隔器、分级箍、趾端滑套等附件,根据钻井工程设计要求和现场情况确定。

5.1.1.5 设备准备

1)设备配套

根据《固井施工设计》要求安排施工设备和工具,主要包括灰罐、药品水罐、前置液罐、水泥车、压风机、管线和水泥头等,根据不同的井型、开次和压力级别采用不同的设备配套。以涪陵工区为例,各开次施工设备需求及要求如表5-1-1。

表 5-1-1 固井施工设备要求

设备类型	导管、表层套管	技术套管	产层套管	备注
灰罐	1~2个	4~5个	5~6个	根据井深调整灰罐数量
药品水罐	/	2个 40~50m³	2个 50~60m³	
前置液罐	/	/	1个 40m³	
供水装置	/	/	4台	
水泥车	2台	2台	4台(其中两台备用)	高压固井采用双机大功率水泥车施工
压风机	1台	1台	2台	
压裂车	/	/	2台	高压固井采用压裂车替浆、碰压
管线	35MPa	35MPa	35MPa 或 70MPa	高压固井采用70MPa管线
水泥头	/	35MPa	35MPa 或 70MPa	根据胶塞个数、长度决定使用水泥头类型

设备要求:

(1)水泥车,检查好水泥车动力系统、混配系统、下灰管线、注水泥管线、蝶阀等是否正常,润滑油、汽油是否满足施工需求;

(2)井口设备,检查好水泥头、弯头、旋塞、挡销、注水泥管线等连接部位是否变形、刺漏,连接转动是否灵活正常;

(3)压风机,检查供气系统、安全阀等是否灵活可靠;

(4)灰罐,注水泥灰之前检查灰罐闸门、安全阀密封性以及灌内是否有余灰,注水泥灰后在灰罐上标识清楚水泥种类及重量;

(5)供水装置,线路完好正确,开关灵活可靠。

对于上井设备一律要求上井前做好检维修,严禁问题设备上井。

2)水泥车

水泥车为油气井固井作业过程专用的工程车,是固井作业最重要的装备。随着固井工艺的进步和完善,固井施工的压力越来越高,对固井水泥车的耐压级别提出了更高的要求。针对施工高压井,需选用耐高压施工车辆、管线和工具,以保证固井施工的安全。以1000型固井水泥车为例,最高工作压力70MPa,可满足绝大多数油气井固井施工技术要求,其主要由底盘车、动力系统、传动系统、固井泵、混浆系统、供灰系统、高低压管汇、控制系统和安全系统等组成,结构示意见图5-1-4。主要技术参数如下:

(1)最高工作压力:70MPa;
(2)最大排量:2.1m^3/min;
(3)混浆能力:2.3m^3/min;
(4)水泥浆密度:1~2.7g/cm^3;
(5)密度控制精度:±0.012g/cm^3;
(6)整机外形尺寸(mm):12 500×2500×4000;
(7)整机移运状态总重量:32 000kg。

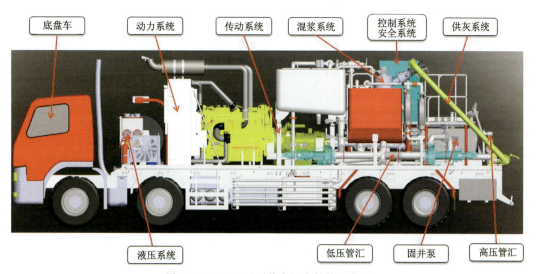

图5-1-4　1000型固井水泥车结构示意图

相比于常规水泥车,具有以下几点优势:

(1)装机功率大(1000hp),可实现高压力下的大排量作业;
(2)以密度优先原则为控制核心,通过控制供灰波动和增加高压密度检测,提高混浆密度稳定性和准确性;
(3)井口计量装置可提高替浆流量检测的准确性。详细的排量压力参数见表5-1-2。

3)水泥头

固井水泥头是固井作业过程中非常重要的一种井口装置,用来循环泥浆、投放固井胶塞、注水泥浆,它的由壬口连接泥浆管线,下端连接钻杆或套管,固井水泥头一般分为3种:单塞、双塞及钻杆水泥头。以最常用的单塞水泥头为例,其结构方面一般有一排挡销,挡销下面有

表 5-1-2　1000 型高压固井水泥车排量压力参数

档位	传动箱传动比	冲次/min⁻¹	排量/(L·min⁻¹)				压力/MPa			
			Φ76.2mm 柱塞	Φ88.9mm 柱塞	Φ101.6mm 柱塞	Φ114.3mm 柱塞	Φ76.2mm 柱塞	Φ88.9mm 柱塞	Φ101.6mm 柱塞	Φ114.3mm 柱塞
Ⅰ	4.24	107	373	509	664	840	100	70	55	45
Ⅱ	2.32	196	682	931	1213	1535	54.5	40	30.7	24.2
Ⅲ	1.69	269	936	1278	1665	2107	39.7	29.1	22.3	17.6
Ⅳ	1.31	347	1208	1648	2148	2719	30.7	22.6	17.3	13.7
Ⅴ	1.00	450	1563	2129	2779	3517	23.8	17.5	13.3	10.6

由壬口,用来循环泥浆,上盖帽上有一个由壬口,用来替浆压打胶塞。常规单塞水泥头见图 5-1-5。

图 5-1-5　常规单塞水泥头

5.1.2　固井施工

5.1.2.1　固井设备摆放

固井设备摆放需根据井场布局和固井施工流程要求进行合理安排,现场固井设备摆放要求如下:

(1)下完套管,钻井队应对井场进行清理,垫杠、管架及管具等应摆放到不妨碍固井施工的位置。

(2)钻开油气层后,所有车辆应停放在距井口 30m 以外,因工作需要,必须进入距离井口 30m 范围内的车辆,应安装阻火器或其他相应安全措施。

(3)井场储灰罐应放置平稳、牢固,防止倾倒伤人。

(4)电力线垂直下方不应摆放固井作业车辆。

(5)固井施工车辆、专业设备和现场操作均应置于井场视频监控系统覆盖范围之内,未能纳入井场视频监控系统覆盖区域的,应由专业施工队伍布设监控摄像机进行监控。

(6)施工现场安全警示标志摆放在醒目位置,高压区域设置警戒线。

(7)固井工具上下钻台时,应由钻井队专业人员操作起重绞车,并明确监护人员。

5.1.2.2 设备管线检查及连接

1)设备管线检查

(1)目视化检查包括:①内外表面应无裂纹、明显凹坑或缺损。②密封面的磨损、腐蚀程度不影响密封性能。③密封件应完好。④铭牌或本体的标志应完好。⑤刚性管线应无明显弯曲变形。

(2)检查旋塞阀、闸阀、节流、单向、活动弯头等管汇元件,应处于正常工作状态,闸门开关、活动弯头转动应灵活。

(3)检查安全卡箍和安全软绳外表是否有裂纹和断丝现象,发现其中任一缺陷,均应更换。

(4)所有阀门应有清晰的开、关标识,标识应与阀门开关一致。

(5)检查水泥车、压风机油水是否充足,试运转是否正常。

(6)灰罐,下灰通道、气通道是否通常,压力是否满足下灰要求。

2)设备管线连接

(1)地面固井车辆,相互保证一定安全距离。

(2)高压管线应连接牢固,使用安全防脱索具,确保固井作业过程中不跳、不刺不漏。

(3)使用管汇应配备超压保护装置。

(4)活接头、螺纹及密封圈使用前应清洗干净。

(5)冲洗管线出口端应固定牢靠,出口方向朝向井队指定排污地点。

(6)水泥车高压管汇连接时应有活动范围,管线两头应触地,管线长度大于9m时,中间应垫好。

(7)固井作业车辆的高低管汇的连接不准互压、互靠,且禁止长距离架空和交叉。

5.1.2.3 施工技术交底

固井现场施工技术交底是按照《固井施工设计》要求,保证现场固井施工顺利的关键准备工作,确保固井施工前各项准备工作落实到位,主要包括《固井施工设计》、药品水、水泥浆实验、参数仪、灰罐、前置液罐、设备和工具等的检查和落实,为固井施工方案和技术指令的执行奠定基础。固井施工准备节点质量管控流程见图5-1-6。

(1)钻井队值班干部和工程技术人员、固井队作业指挥巡回检查现场情况,相互交流沟通现场设备情况和井下情况,在钻井液循环正常、设备运作正常、井下安全、安全设施齐全可靠、固井作业准备完毕的情况下,召开固井施工前交底会。

(2)固井监督负责召开固井交底会,参加人员有钻井、固井、录井、钻井液、工具服务等技术人员。

(3)固井施工前交底会至少包括以下内容:①下套管情况。②钻井液性能及循环情况。③水源、供水、供电等准备情况。④施工设备数量及运行情况。⑤水泥浆实验情况。⑥固井作业方案、作业程序和要求,明确各方各岗位的职责。⑦固井配合岗位人员落实情况,提出各岗位操作要求,强调固井作业中需要注意的事项。⑧各项应急预案。

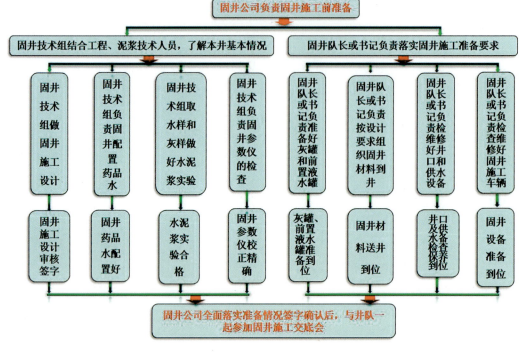

图 5-1-6　固井施工准备节点质量管控流程

5.1.2.4　应急预案

1) 井控应急预案

(1) 注前置液时发生井涌或井喷，应立即停止注前置液并向固井指挥和井队汇报，应停止固井施工，钻井队作业班组立即组织关井，根据关井后套压、立压情况，制定压井处置方案。

(2) 注水泥过程中发生井涌或者井喷，如果注入水泥浆较少，井队应立即关井，节流循环出水泥浆并组织压井作业，确保压稳后再进行固井作业；同时启动固井井控应急预案。

2) 漏失应急预案

(1) 替浆的过程中专人观察井口返浆情况，一旦发现井漏，及时汇报，马上降低替浆排量，减小对地层的压力。

(2) 如果漏失严重，出现只进不出的现象，将套管内水泥浆强行挤入地层，并结合泵压等数据，判断漏失层位大概深度，为下步反挤水泥作业提供依据。

3) 未碰压应急预案

如果在替浆后期，替量已达设计量，却仍未碰压。

(1) 计量问题。如果由于流量计仪表计量不准或容器计量有误，使替量计算错误。如果到设计量没有碰压，且水泥浆返出井口，可停止替浆，如水泥未返出，则最多附加 $1.0 m^3$ 如仍不碰压，停止替浆。

(2) 胶塞问题。胶塞未下井，应替至设计量（考虑车的计量误差）附加 $0.1 \sim 0.2 m^3$ 后停止施工。

5 固井质量管控与评价

(3)机械故障。地面管汇、泵车内漏、管汇刺漏、短路现象(泵车自循环),此时应及时排除故障,继续顶替至碰压。

(4)套管刺漏或断开形成短路。如果悬重减轻应判断套管断,应起出断裂套管,请示甲方讨论后续方案;如果压力有所降低及套管口返泥浆或者环空返水泥浆,可基本判断套管刺漏,立即向甲方汇报情况,决定是否洗出水泥浆或按原方案继续顶替到量停泵。

(5)套管内异物造成胶塞与浮箍之间密封不严,此时征兆为压力较高,但仍可泵送,此时若达到设计量应停止施工,憋压候凝。

4)碰压后敞压不断流预案

(1)一般由于浮箍、浮鞋质量问题引起单向阀失灵,应放压回零后重新憋压(2~3MPa)候凝;

(2)水泥头上装压力表,并与井队技术员交代候凝期间泄压、安全相关事宜,要求候凝48h后拆水泥头。

5)设备故障预案

(1)如果在替浆时发现仪表记量不准:①如果是大泵顶替,应核对泵冲,确认排量及大泵顶替时间,应有预留量;②如果由泵车同时顶替,应同时做好泵车计量及泥浆罐计量,同时在顶替将近结束时,提前降低排量以防止碰压压力过高。

(2)注灰浆期间若灰罐发生故障,停止下灰,若无备用罐车,但注入量未达到设计量:①推算注入水泥浆是否能确保封固油气顶,如是可压胶塞进行顶替作业;②若不能确保封固油气顶,应将水泥浆循环出地面,重新固井。

(3)注水泥期间,水泥车因性能故障无法继续注水泥:①更换注水泥设备,完成注水泥作业;②若所有设备均不能作业,应看注入量是否能封固油顶,若封固得上,请示甲方同意后可进行下一步作业;否则应尽快水泥将水泥浆循环出来,进行二次固井。

5.1.2.5 现场施工

现场施工是《固井施工设计》和技术方案的具体实施环节,直接影响固井质量和安全。固井现场施工具有配合单位多、节点转换快、连续性要求高的特点,对施工作业质量提出了很高的要求。因此需根据施工作业流程指定现场总指挥,各配合方紧密配合,确保技术指令的发出和汇总集中,保证施工的安全性和连续性。固井现场施工节点质量管控流程见图5-1-7。

固井现场施工的重点节点的管控包括:

(1)管线试压。要求试压至预计最大施工压力的1.2倍。

(2)监测注前置液、水泥浆的密度、施工排量及施工压力,对于异常情况及时提醒整改。

(3)开挡销和压胶塞作业,技术人员监督闸门的倒换。

(4)关注替浆排量、压力,如有异常先停泵,及时汇报现场总指挥。

(5)监督碰压过程,并记录施工注入量和替量,如有异常先停泵,及时汇报现场总指挥。替浆计量采取罐硬计量、泵冲计量和流量计3种计量方式相互对照,以罐硬计量为准,确保替浆计量准确。

(6)关注开井敞压过程是否正常。

(7)做好环空加压工作。碰压后立即转入环空加压,以环空压稳系数1.0计算预加压压

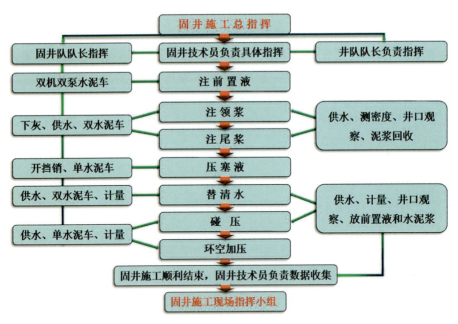

图 5-1-7　现场施工节点质量管控流程图

力,待水泥浆初凝后,环空缓慢加压至 20~25MPa。

5.1.3　固井质量后期跟踪

固井施工结束后,需要完成技术资料的收集整理、固井质量跟踪和评价,并对固井技术做出总结。固井后期跟踪节点质量管控流程见图 5-1-8。

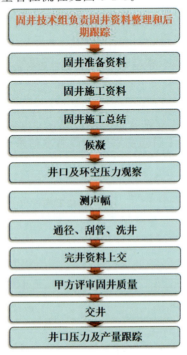

图 5-1-8　固井后期跟踪节点质量管控流程图

固井后期跟踪的具体内容包括：

(1) 负责收集固井施工数据资料，包括各类工作液的注入量、施工排量压力曲线、水泥浆密度等，并落实现场固井、井队、监督三方确认；

(2) 异常情况收集好施工数据汇报上级，方便后期分析，并交代井队处理措施；

(3) 跟踪固井声幅质量；

(4) 根据声幅质量、施工数据，对固井质量进行分析，总结成功技术措施进行推广应用，对于不足之处分析原因，制定应对措施；

(5) 资料的归档以及系统的录入。

5.2 固井质量评价方式

随着页岩气开发的不断深入，固井质量评价的精度要求越来越高。固井质量评价方式主要包含胶结质量测井评价和施工作业质量评价，水泥环胶结质量测井评价包含评价套管与水泥环（第一界面）和水泥环与地层（第二界面）的胶结情况。目前涪陵、川南等工区非常规页岩气井水平段固井质量评价方法主要采用声波-变密度（CBL-VDL）评价方法和八扇区（RIB）水泥胶结评价方法。固井施工作业质量评价主要通过检查固井施工过程中各个施工参数来进行量化打分，形成评分系统替代原有的测井评价方式，减少一道测井作业工序，以满足页岩气低成本高效开发的要求。

5.2.1 固井质量测井评价

在油气井行业，已经发展出了多种固井质量评价测井技术。根据测井原理的不同，现有的固井质量评价测井技术可以分为水泥胶结类和水泥声阻抗类，前者主要利用泄漏兰姆波检测水泥环界面胶结状况，主要代表有声波幅度测井（CBL）、声幅-变密度测井（CBL/VDL）、扇区水泥胶结测井（SBT）等；而后者主要利用套管的反射回波衰减速率，估算水泥环的抗压强度，从而反映水泥环胶结质量好坏，主要代表有水泥评价测井（CET）、脉冲回声测井（PET）、环周声波扫描测井（CAST）。目前页岩气井固井质量评价测井常用的技术主要是水泥胶结类固井质量评价测井技术。

5.2.1.1 声波幅度（CBL）测井

声波幅度测井技术起源于20世纪60年代初，是应用最早最广泛的固井质量检测技术。由于具有测井过程简单、成本低廉等优势，目前全国各油田仍在广泛应用。声波幅度测井仪器由声系和电子线路组成。

1) 声波幅度测井原理

声系由一个发射器T和一个接受器R组成，源距为1m，CBL测井示意图见图5-2-1。测井时声源发出的声脉冲在井内向各个方向传播，当声波传播到两种介质的界面时（如井内流体-套管、套管-水泥环）会发生反射和折射。若套管与水泥固结良好，声波进入套管与水泥界面时声耦合较好，通过折射使大部分能量进入水泥，反射波较弱，套管波幅度最小。当套管外水泥很少或没有水泥时,由于两种介质的声阻抗较大,声耦合差,声波的大部分能量被反射回套管中。当套管外为气体时,两种介质的声阻抗更大,因此几乎所有的声波都被反射回来,套管波幅度最大。因此可以根据记录的声波幅度曲线来判断水泥胶结质量的好坏,声幅曲线越高,套管与水泥之间的胶结程度越差,反之,套管与水泥之间的胶结程度越好,在资料解释中采用声幅的相对值来进行解释。

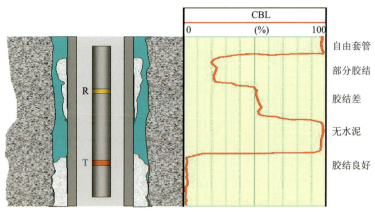

图 5-2-1　CBL 测井示意图

2)声波幅度测井评价方法

根据 CBL 的幅度值,采用相对幅度法定量评价第Ⅰ界面的固井质量。在没有其他因素影响的条件下,CBL 值高反映第Ⅰ界面水泥胶结差,CBL 值低反映第Ⅰ界面水泥胶结好。

相对幅度 CBL 定义为:

$$CBL = \frac{目的层段的声波幅度值}{自由套管段的声波幅度值} \times 100\% \tag{5-2-1}$$

根据中石化页岩气固井质量评价标准,当相对幅度≤15%时,确定为胶结优等;相对幅度在 15%~30%时,确定为胶结中等;相对幅度≥30%时,确定为胶结差。

实际测量的 CBL 值除与胶结情况有关外,还受到仪器偏心、套管重量、微环隙、固井测量时间等多方面因素的影响。CBL 测井同时具有一定的缺陷,主要表现在以下几个方面:①纵向分辨率低;②没有方位性;③现场需要自由套管刻度;④不能评价Ⅱ界面水泥胶结情况;⑤受水泥性能、水泥环厚度等因素影响。

由于套管波声幅只能反映水泥环与套管(第Ⅰ界面)的胶结情况,不能反映水泥环与地层(第Ⅱ界面)的胶结情况,而套管整个波列的显示则可以同时说明这两个界面的胶结情况,因而出现了声波-变密度测井技术。

5.2.1.2　声幅-变密度(CBL-VDL)测井

作为国内应用最广泛的固井质量检测方法,声幅-变密度(CBL-VDL)测井不仅记录了首波,而且还记录了包括套管波、水泥环波、地层波在内的后续波,信息量非常丰富(图 5-2-2)。声波变密度(VDL)测井也是一种通过测量套管外水泥胶结情况,来评价固井质量的声波测井方法，它可以提供更多的水泥胶结的信息，能反映水泥环的第Ⅰ界面和第Ⅱ界面的胶结情况。

1）声幅-变密度（CBL-VDL）测井原理

声幅-变密度测井属于声波测井的一种，其原理是利用水泥和泥浆（或水）其声阻抗的较大差异对沿套管轴向传播的声波的衰减影响来反映水泥与套管间、套管与地层的胶结质量。井下仪器主要包括声系和电子线路两部分，声系的功能是为了进行声波测井，在井下形成一个人工声场并设法接收通过地层传播的声波信号，它包括发射探头和接收探头，探头由磁致伸缩或压电陶瓷材料制成，仪器的源距有两种，3英尺和5英尺，其中3英尺的用于声幅测量，5英尺用于变密度的测量。

2）利用VDL波形特征定性评价第Ⅰ、Ⅱ界面水泥胶结质量

声波变密度测井图（VDL）采用灰度变化显示波列波形幅度，根据灰度的深浅反映套管波和地层波信号强弱，结合裸眼测井补偿声波曲线与波形的叠加显示，综合定性判断第Ⅰ、Ⅱ界面的水泥胶结质量。

利用VDL对Ⅰ、Ⅱ界面胶结质量进行定性评价的一般规律见表5-2-1。

表5-2-1 根据VDL定性评价固井质量表

VDL特征		固井质量定性评价结论	
套管波特征	地层波特征	Ⅰ界面胶结质量	Ⅱ界面胶结质量
很弱或无	地层波清晰，且相线与声波对应好	良好	良好
很弱或无	较弱	良好	部分胶结
较弱	地层波较清晰	部分胶结（或微间隙）	部分胶结良好
较弱	无，或地层波弱	部分胶结	差
较弱	地层波不清晰	中等	差
较强	弱	较差	部分胶结良好
很强	无	差	无法确定

5.2.1.3 扇区水泥胶结（SBT）测井

扇区水泥胶结测井技术（SBT），起源于20世纪80年代末。它利用推靠臂把6个滑板推靠到套管内壁上，将管外环空环向上等分成6个扇区，分别考察每一个扇区的水泥胶结状况，实现测量的高分辨率360°全方位覆盖。与常规CBL/VDL测井相比，SBT测井的最大技术优势是，可以直观地对Ⅰ界面水泥胶结状况进行全方位成像，可以精细划分和评价Ⅰ界面水泥胶结状况，同时根据变密度资料对Ⅱ界面进行定性评价（图5-2-2）。

1）SBT测井技术原理

分扇区水泥胶结测井（SBT）系统以环绕方式在整个井眼的6个角度区块定量测量水泥胶结情况。声波换能器装在相隔60°的极板上，支撑滑板与套管内壁接触，进行声波补偿衰减测量。当发射器在每个区块上发射时，两相邻极板上的接收器测量声波幅度，这两个幅度分别为远、近接收器所接收。声波经过两接收之间空间的能量损失，可直接作为衰减测量，由此

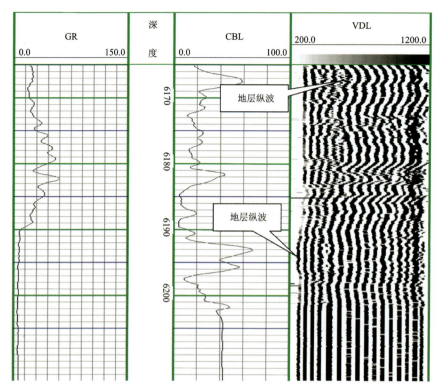

图 5-2-2 CBL-VDL 测井解释图

可推导出套管外这 60°范围内的水泥胶结质量。

在每个测量极板上具有一个发射探头和一个接收探头,通过 6 个极板上的收发探头的组合,可以形成每隔 60 扇区的 6 个双发双收声波测井系列,如图 5-2-3 所示,6 个系列分别为:1-T1R2R3T4、2-T2R3R4T5、3-T3R4R5T6、4-T4R5R6T1、5-T5R6R1T2、6-T6R1R2T3。

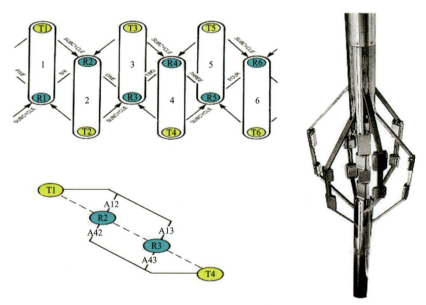

图 5-2-3 SBT 极板配对示意图

通过上述极板组合可以测得六条测井曲线。

(1)由 6 个声系组合 24 个收发排列测得的声幅曲线 A_{ij},表示由第 i 换能器发射而由第 j 换能器接收所测得的声幅。对于 T1R2R3T4,$i=1、4$,$j=2、3$;其他类似,共 24 个声幅测量组合。

(2)6 条 60°扇区双发双收补偿声衰减曲线 ATC_i

对于第一扇区:

$$ATC_1 = -\frac{10}{d}\lg\left(\frac{A_{13} \cdot A_{24}}{A_{43} \cdot A_{12}}\right) - DBSP \tag{5-2-2}$$

式中:d 为间距;$DBSP$ 为几何扩散引起的声衰减,缺省为 6dB/ft;A_{ij} 为声幅。

其他扇区依此类推计算,衰减率越高水泥胶结越好,反之则差。

(3)相对方位角曲线——RB,反映第一扇区中点对于井眼低线的相对方位角。

(4)5ft 标准源距的全波列(变密度图——VDL),用于评价水泥环与地层界面的胶结质量。

(5)由 6 个声系组合 24 个收发排列测得的全波列曲线。

(6)由 6 个声系组合 24 个收发排列测得的声波传播时间曲线。

(7)井斜。

从上述曲线中可以计算出如下曲线:

(8)6 段扇区的最小衰减率——ATMN=$\min[ATC_n]$ ($n=1,2,\cdots,6$)

(9)6 段扇区的最大衰减率——ATMX=$\max[ATC_n]$ ($n=1,2,\cdots,6$)

(10)6 段扇区的平均衰减率——

$$ATAV = \frac{1}{6}\sum_{n=1}^{6}ATC_n \tag{5-2-3}$$

(11)平均声幅 $AMAV$

$$AMAV = AFREE \times [10^{\left(-\frac{3}{20}\times ATTNAV\right)}] \tag{5-2-4}$$

其中 $AFREE$ 为自由套管声幅,由实验确定。$ATTNAV$ 为用 12 个样本点窗长对测量点进行的平均加权滤波值。

(12)环形空间声变衰减水泥图。一般将实测衰减率赋予五级灰度,其中最高一级(最黑)高于良好胶结水泥衰减率的 80%,最低一级(白色)低于 20%。这样就得到以井眼低侧为母线的管外水泥胶结状况展开图——水泥成像。

2)SBT 测井技术评价水泥环胶结质量

SBT 测井技术主要运用衰减率曲线和水泥胶结图评价固井Ⅰ界面胶结质量。衰减率越高,对应的灰度级别就越高,在水泥胶结图上颜色越深。水泥胶结图上最高级灰度(颜色最深)代表水泥胶结良好,最低级灰度(白色)代表水泥胶结差,其余依此类推。水泥胶结图直观显示水泥环与套管之间(第Ⅰ界面)的胶结状况(图 5-2-4)。

针对第Ⅱ界面胶结状况评价与 CBL/VDL 测井资料的 VDL 解释方法相同。

3)SBT 测井技术的优缺点

SBT 测井的最大技术优势:①可以直观地对第Ⅰ界面水泥胶结状况进行全方位成像,可以精细划分和评价第Ⅰ界面水泥胶结状况。②同时根据变密度资料对第Ⅱ界面进行定性评

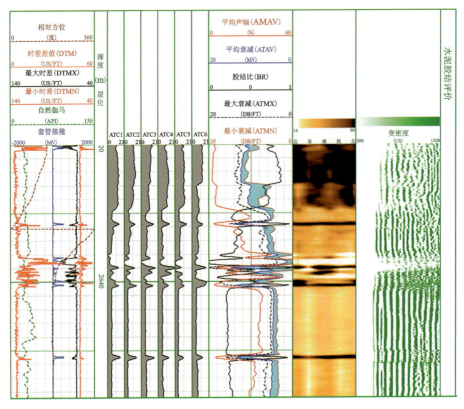

图 5-2-4　SBT 测井解释成果图

价。即使在高密度钻井液(或气侵钻井液)中同样可获得高质量的测井资料,同时不需要自由套管刻度,特别适合于检测无自由段套管的固井质量。SBT 测井的缺点主要在两方面:①价格相对较贵;②依然不能定量评价第Ⅱ界面的胶结质量。

5.2.1.4　八扇区(RIB)水泥胶结测井

八扇区(RIB)仪器属于声波测井的一种,它是判断水泥与套管胶结质量好坏的定量分析依据。

1)八扇区(RIB)水泥胶结测井原理

八扇区(RIB)水泥胶结测井仪器提供常规的 3 英尺和 5 英尺固井质量测井评价,同时能获得 8 扇区的测井资料。RIB 测井利用在套管里的波幅度检查套管和水泥环间的胶结程度。声波进入套管后激发套管波的产生,如果第Ⅰ界面胶结良好,套管波因为水泥环导向而大幅度地衰减,此时 CBL 为低值特征,通常由 3 英尺的探头来测取声幅来判断。

如果第Ⅱ胶结面良好,地层波的显示较为强烈,与裸眼测井补偿声波曲线对应性好,此项通常由 5 英尺的探头获得的全波列变密度来判断。八扇区接收探头的每个探头覆盖套管圆周的 45 度径向范围,将圆周分为八个扇区。由于探头距信号发生器只有 18 英寸,因此,仪器很容易检测出水泥胶结微环中存在的细小问题。利用 RIB 可以形象、直观地分辨水泥环向、纵向的胶结不均匀性。

实际测井施工时,RIB仪器需要进行现场刻度。首先在空气中进行零刻度,再将仪器下放至井中自由套管处,将3英尺声幅刻度值设置为72mV(或100%),八扇区声幅刻度值设置为90mV(或100%),经信号调整后,进行正刻度,用刻度后的数据进行测井。测井时如无自由套管,应调用同尺寸套管井刻度数据,或固井前提前在空套管刻度(图5-2-5)。

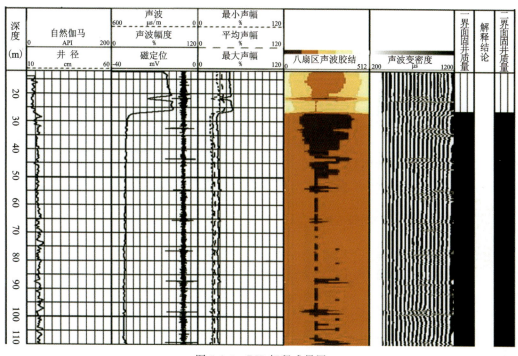

图 5-2-5　RIB 解释成果图

2)八扇区(RIB)第一界面水泥胶结质量定量解释

通过规律总结,对于直井、中斜度井,CBL反映的第Ⅰ界面信息与八扇区水泥胶结图一致,仍可用其评价第Ⅰ界面胶结质量。但随着井斜的增大,CBL反映的第Ⅰ界面信息与八扇区水泥成像图存在一定矛盾,此时CBL曲线所测数值偏低,反映不了实际水泥胶结状况。建议采用RIB平均声幅值,利用相对幅度法定量评价第Ⅰ界面水泥胶结质量。当平均声幅值≤20%时,评价为胶结优等;20%<平均声幅值≤40%时,评价为胶结中等;平均声幅值>40%时,评价为胶结差。

3)八扇区(RIB)水泥胶结成像图定量解释

RIB水泥胶结成像图细分五级刻度,以相对幅度E值作为划分标准。当E值在20%~0%之间,表示水泥胶结良好,成像图灰度颜色为黑色;当E值在40%~20%之间,表示水泥部分胶结,成像图灰度颜色为深棕色;当E值在60%~40%之间,表示水泥部分胶结,成像图灰度颜色为棕黄色;当E值在80%~60%之间,表示水泥部分胶结,成像图灰度颜色为浅黄色;当E值在100%~80%之间,表示水泥没有胶结或为空套管,成像图灰度颜色为白色。

4)八扇区(RIB)水泥胶结质量定性解释

根据RIB八扇区水泥胶结成像图颜色、变密度波形显示特征,结合裸眼测井补偿声波资料,定性判断水泥胶结状况及胶结级别。

(1)自由套管:声幅、最大、最小、平均声幅曲线保持较高的稳定值,套管接箍处测量值有所降低,八扇区成像图呈亮色显示;变密度波形显示为黑白相间的直条带,接箍处呈"人"字纹变化。

(2)Ⅰ、Ⅱ界面胶结均好:声幅、最大、最小、平均声幅曲线保持较低的稳定值,八扇区胶结成像图呈深色显示;变密度波形显示套管波衰减缺失,有明显的地层波,显示出黑白相间的起伏条带。

(3)Ⅰ界面好、Ⅱ界面中等:CBL、最大、最小、平均声幅曲线保持较低的稳定值,八扇区胶结成像图在胶结好处呈黑色显示,反之呈浅色显示;变密度波形显示的套管波比自由套管弱,在套管波之后显示出地层波。

(4)Ⅰ界面中等或差、Ⅱ界面差:CBL、最大、最小、平均声幅曲线保持较高或中等的稳定值,套管接箍处测量值有所降低,八扇区胶结成像图呈白色、浅棕色显示;VDL曲线显示为黑白相间的直条带,接箍处呈"人"字纹变化。

5.2.1.5 声波伽马密度测井

声波伽马密度测井是由俄罗斯乌法石油地球物理公司提出的一种水泥胶结评价测井方法。声波伽马密度测井可以确定自由套管、水泥返高及混浆带;可以确定环空充填介质的密度;可以区分水泥缺失与微间隙;可以确定套管壁厚度并以此作为套管原始档案,为今后套管腐蚀检测提供依据;可以确定套管相对于井轴的偏心率,降低偏心对评价结果的影响。

(1)声波伽马密度测井原理

AMK2000M是由俄罗斯乌法石油地球物理公司研制的一种水泥胶结评价测井仪器设备,由声波仪器MAK9M和伽马密度SGDT100M组成,声波仪器可以求取弹性波沿套管或地层传播的运动学和动力学参数$T1$、$T2$、ΔT、$d1$、$d2$、α。伽马密度可以计算套管外水泥环密度、套管厚度和套管偏心等参数,从而判断水泥石与套管和岩层胶结是否有接触型缺陷和体积型缺陷状况,综合评价水泥胶结质量好坏。

声波仪器MAK-9M与CBL/VDL测量原理、仪器结构基本相同,都是测量套管滑行波,不同在于MAK-9M仪器发射器、接收器源距和间距不同。从测量套管滑行波的长短两个波形中,提取首波的传播时间和幅度等参数,进而计算两个接受器的幅度衰减和它们之间的时差、衰减系数。根据计算出的参数$T1$、$T2$、ΔT、$d1$、$d2$、α值,综合评价测量井段的Ⅰ、Ⅱ界面水泥固井质量结果。(其中$T1$、$T2$、$d1$、$d2$分别为近、远两个接收器提取的首波传播时间和首波幅度衰减,ΔT为声波时差,$\alpha2$为衰减系数。)

伽马密度测井仪SGDT100M由伽马发生源(铯137源)、套管壁厚探测器、水泥环密度探测器(8个不同方位均匀排列的探头)以及自然伽马探测器组成(图5-2-6)。

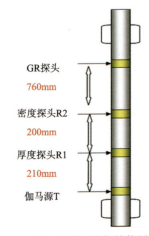

图5-2-6 伽马密度测井仪结构图

利用 SGDT-100M 测井可以获得以下 11 条参数曲线：

GK——自然伽马计数曲线；

MZ——套管壁厚计数曲线；

BZ1~BZ8——8 条水泥密度计数率曲线；

AS——仪器底边相对方位。

使用 SGDT 伽马密度评价系统对曲线进行处理计算，并结合裸眼井径和地层密度等资料，通过模拟井中建立的解释模型，将密度和厚度探头的计数率转换为充填介质平均密度（g/cm³）和套管壁厚（mm），并计算出套管偏心率（表 5-2-2）。

对环空充填介质密度曲线选择完全胶结井段数值为最大值，选择自由套管段作为最小值，计算得到水泥浆密度充填率。

(2)声波伽马密度评价固井胶结质量

表 5-2-2 伽马密度测井解释

序号	环空充填介质密度	水泥密度充填率	第Ⅰ界面胶结结论	
1	在水泥浆密度范围内	>0.9	充填好	胶结良好
2	大于固井使用的泥浆密度，但小于水泥浆密度	0.7~0.9	充填中等	胶结中等
3	在固井使用的泥浆密度范围内	<0.7	充填差	胶结差

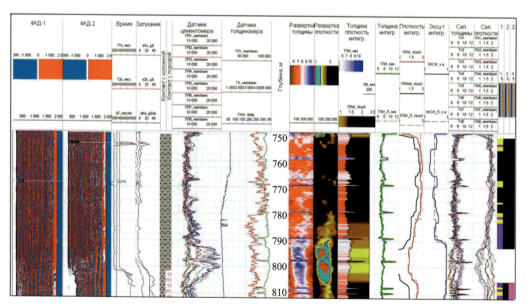

图 5-2-7 声波-伽马密度测井成果图

(3)声波伽马密度测井优缺点

AMK2000M 评价方法优点:可以确定自由套管、水泥返高及混浆带。可以确定环空充填介质的密度。可以区分水泥缺失与微间隙。可以确定套管壁厚度并以此作为套管原始档案,为今后套管腐蚀检测提供依据。可以确定套管相对于井轴的偏心率(图 5-2-7)。

AMK2000M 评价方法缺点:尽管声波伽马密度测井提高了水泥胶结评价水平,但依然评价的是套管外周向上水泥环平均胶结质量,对水泥在管外的分布方位无法识别,对固井质量评价结果也会出现偏差,同时没有认可的统一标准,对低密度水泥石固井质量评价可靠性较低。

5.2.1.6 固井质量综合评价技术

总结所有的评价固井质量的测井方式,发现均存在一个很大的问题:在油田现场固井时,会根据井眼地质状况与施工要求等,对不同的井段可能给出完全不同的水泥浆配方,但是在进行自由套管段声波仪器刻度之后,各种不同密度或者不同混合材的水泥环在不同段的测井声幅曲线在解释时均参照同一个标准。然而不同密度或不同混合材的水泥石的声阻抗值并非一样,而声阻抗又与 CBL 衰减率是密切相关的,常会出现固井质量误判或错判的情况。

由于实际问题复杂性,测井只是间接反映井下情况,因此无法避免地球物理方法的共同弱点——多解性。固井质量测井响应存在多解性,水泥环层间封隔受多种因素影响,解决测井响应多解性的重要方法是固井质量综合评价。通过收集钻井资料、固井资料、常规测井资料、常规解释成果表、外层套管固井质量测井资料,结合水泥胶结测井评价结果,综合评价固井质量。其关键在于根据现场工程情况对固井质量作出预判,然后结合测井解释成果,对出现多解的层位参照预判结果,进行深入分析,得出综合评价结果。

5.2.2 固井施工作业质量评价

随着近年来涪陵、川南等工区固井合格率、优质率日益提高,对于井下没有复杂情况,施工工艺简单,质量要求不高的井,采用固井施工作业质量评价方法,并对标同平台抽检井固井质量评估该井固井质量,节省了大量的人力物力。出现下列情况之一,固井质量不可通过固井施工作业质量方法评价,需要通过测井方式评价固井质量:

(1)施工过程中发生严重井涌,环空封固段可能出现油气水通道;
(2)固井过程发生井漏,可能造成水泥浆低返或漏封油气层;
(3)固井替浆时,替量超过设计量但没碰压,可能替空;
(4)灌香肠或留大段水泥塞;
(5)套管未下至设计井深,造成沉砂口袋不符合设计要求;
(6)固井后出现环空冒油、气、水现象;
(7)水泥浆注入量未达到施工设计要求;
(8)试油气验窜发现油气层未得到有效封固。

5.2.2.1 固井施工作业对固井质量评价的影响因素

固井施工作业对固井质量评价的影响因素主要有以下多个方面。

1）水泥浆性能

固井施工作业时,实际注入的水泥浆性能是影响固井质量的决定因素。影响最为严重的是水泥浆密度,由于水泥浆密度与水泥石强度呈正相关关系,对声阻抗影响也呈正相关关系;其次水泥浆的流动性是影响钻井液顶替效率的关键因素;同时水泥浆 HTHP 失水量及自由水等稳定性参数对施工安全和水平井固井质量也影响甚大。所以,在评价固井质量时,首要考虑水泥浆密度。

2）钻井液性能及循环情况

固井施工作业时,钻井液性能的好坏对固井质量也有较大影响,主要是影响顶替效率和井下安全。切力低、黏度小、流动性好的钻井液,有利于提高顶替效率,提高固井质量,但过低则导致钻井液悬浮性能较低,不能满足携带岩屑的要求;另外密度低也有利于提高顶替效率,但过低会造成不能压稳气层,引起环空气侵。因此,固井前需要调整钻井液性能至满足施工要求,并循环均匀,衡量循环钻井液应达到如下施工要求的标准:①振动筛无泥砂返出;②钻井液性能符合固井设计要求;③排量不变时,循环压耗没有较大波动;④循环不少于三周。施工前钻井液性能和循环情况,也是固井质量评价的重要参考。

3）提承压试验

提承压试验是检验井筒承压能力,确定施工压力上限的重要指标。当施工井底 ECD 大于井筒承压固井过程极易发生漏失,导致返高不够,影响固井质量。因此固井前必须要求提承压试验达到固井需求。

4）前置液性能及用量

前置液常分为清洗液和冲洗液两类,清洗液起到驱替钻井液,隔离钻井液与水泥浆,减少钻井液与水泥浆的混掺,另外前置液根据功能需要,加入加重剂平衡地层压力,加入堵漏纤维防止漏失;冲洗液起到稀释钻井液、冲洗虚泥饼和改变界面润湿性的作用。前置液的性能及用量是保证顶替效率和冲洗效率的关键因素,因此纳入固井质量评价范围。

5）水泥浆注入量

实际注入水泥浆量应符合设计要求。注入水泥浆量少于设计量,造成返高不够,或混浆段下移,影响固井质量。如果施工过程中发生漏失或发生留水泥塞井下复杂,也会造成水泥浆返高不够。因此记录水泥浆注入量是评价固井质量的必要参考因素,同时也是反推井下复杂的关键数据资料。

6）扶正器

扶正器的种类、质量和安放方式是影响套管居中,保证套管顺利下入和顶替效率的关键因素。下套管前必须进行计算和使用固井软件校核;下套管过程中必须监督并按设计落实扶正器的质量和数量。固井质量解释时作为重点参考。

7)注替排量

固井施工的注水泥排量和替浆排量是影响固井质量的关键因素。注替排量直接影响顶替效率,施工时必须严格按设计执行。固井质量解释时作为重点参考。

8)施工是否连续

连续施工有利于事故预防,特别是防漏、防憋泵。由于水泥浆触变性较强,固井施工时中途停顿,启动时会增加启动压力,造成井漏或发生憋泵事故。如果水泥浆性能好且井下不复杂,短时间施工停顿不影响固井质量。

9)施工和候凝过程压稳情况

施工和候凝过程对高压油气水层是否压稳对固井质量的影响很大。必须保证固井施工和候凝过程中液柱压力(或环空压力)大于油气水层压力,否则,会发生地层气体流入水泥浆中,影响固井质量。因此,必须落实并严格实施压稳措施,并作为固井质量评价的参考依据。

10)碰压是否正常

固井替浆结束时碰压不正常,一般表现为两种情况:即起压突变不明显和替浆超量没碰压。碰压时起压突变不明显可能是水泥浆提前稠化造成替浆没到位,可能会出现留水泥塞,该情况造成两个问题:一是环空水泥浆低返,影响返高及封隔效果;二是需要钻水泥塞,带来时效和经济损失。替浆超量没碰压的情况可能引起套管底部水泥替空,造成底部环空没水泥,严重影响固井质量。

11)候凝方式

候凝方式一般有三种:敞压候凝、关井候凝(不憋压)、憋压候凝。在憋压候凝时,套管在候凝期间承受内压力,当放掉压力后,套管会收缩,套管与水泥间产生微间隙,影响水泥胶结测井效果;关井候凝时,由于水泥凝固期间放热,套管内液体受热膨胀,会使套管内压力升高,当温度冷却后收缩,对套管与水泥的胶结面也有一定影响,但比憋压候凝影响小得多;敞压候凝则不会存在以上问题。因此,固井质量评价将候凝方式纳入考虑。

以上因素均要在施工作业中进行评价。

5.2.2.2 固井施工作业评价内容及要求

根据涪陵、川南页岩气现场应用及实践,推荐以下固井施工作业评价内容和要求。

1)送检水泥浆性能

固井前要求固井公司向甲方指定实验室送检水泥、药品水大样,水泥浆性能测试满足固井施工方可固井。水泥浆性能实验执行 GB/T 19139,具体要求如下:

(1)领浆密度应大于钻井液密度 $0.05g/cm^3$ 以上,测试密度与设计密度一致;尾浆为常规密度,密度 $1.88g/cm^3$;

(2)水泥浆的流变性能用旋转黏度计测量,用塑性黏度、屈服值、稠度系数和流性指数表征。现场可采用流动度表示,配浆设备配出流动度应不低于18cm;

(3)水泥浆 API 滤失量应满足 SY/T 6544—2010《油井水泥浆性能要求》30min×6.

9MPa 条件下：①技术套管固井≤150ml；②生产套管固井≤100ml；③尾管、大斜度井、水平井固井≤50ml；④防气窜水泥浆≤50ml。

(4) 水泥浆稠化时间：领浆为施工总时间附加 60～90min，尾浆为尾浆施工时间附加 30～60min，初始稠度应不大于 30Bc。产层固井时，水泥浆稠度由 40Bc 上升至 100Bc 的时间应小于 30min。

(5) 水泥浆沉降稳定性能通过水泥浆游离液量和水泥石柱纵向密度分布情况来进行评价。沉降稳定性要求水泥石柱纵向密度差应小于 $0.02g/cm^3$。

(6) 防窜增韧水泥石性能满足表 5-2-3。

表 5-2-3 防窜增韧水泥石性能要求

SACXZZ/$(g \cdot cm^{-3})$	48h 抗压强度/MPa	7d 抗压强度/MPa	7d 抗拉强度/MPa	7d 杨氏模量/GPa	7d 气体渗透率/$(10^{-3}\mu m^2)$	7d 线性膨胀率/%
1.90	≥16.0	≥28.0	≥2.3	≤7.0	≤0.05	0～0.2
1.80	≥15.0	≥26.0	≥2.2	≤5.5	≤0.05	0～0.2
1.70	≥14.0	≥24.0	≥2.0	≤5.0	≤0.05	0～0.2
1.60	≥12.0	≥22.0	≥1.8	≤4.5	≤0.05	0～0.2
1.50	≥10.0	≥20.0	≥1.7	≤4.0	≤0.05	0～0.2
1.40	≥8.0	≥18.0	≥1.5	≤3.5	≤0.05	0～0.2
1.30	≥7.0	≥16.0	≥1.3	≤3.0	≤0.05	0～0.2

2) 井眼准备

(1) 下套管前应压稳油气水层，控制油气上窜速度小于 10～15m/h；钻井液进出口密度差不超过 $0.02g/cm^3$；钻井液全烃值不超过 5%。

(2) 对钻井过程中发生漏失的井，应先堵漏，并按照固井施工设计要求做好地层承压工作；对钻井过程中未发生漏失的井，应按照略高于固井施工压力做地层承压工作；完成地层承压试验且合格后，方可进行下套管作业。

(3) 下套管前应对井径不规则井段或气层、重点封固段反复划眼通井；对于斜井段和水平段宜短起下并分段循环处理钻井液，充分冲洗岩屑，清除岩屑床。

(4) 下套管及固井施工前应调整好钻井液性能，满足安全下套管作业和固井施工设计的要求。

(5) 下套管作业前，用刚性大于入井套管柱刚性的钻具进行通井，应采用钻井时最大排量洗井，确保井眼清洁，井下稳定，确保套管下入设计井段。

3)设备准备

(1)井控设备,下套管前应换装与套管尺寸相符的防喷器闸板,并按 SY/T 6426 的规定试压。

(2)下套管前应检查钻机提升系统、循环系统、仪器仪表等,确保设备仪器工况良好。

(3)固井前应对供水车、压风机、配浆车、批混车、注浆车、管线、闸门、流量计等仪器设备进行全面检查,保证满足连续施工的要求。

4)固井施工

(1)严格按照注水泥施工设计参数、工序和要求连续作业,确保施工质量。

(2)注水泥施工作业中,采用罐计量、流量计计量和水泥车计量三方计量,做好正返计量工作,替浆量不超过设计最大值。

(3)碰压压力应高于起压压力 3~5MPa,防止压力过高损坏浮箍浮鞋。

5)环空加压及候凝方式

(1)碰压后立即转入环空预加压,根据压稳系数 1.0 计算预加压压力,待到尾浆初凝后继续缓慢加压至 20~25MPa,环空加压注入量不得大于环空 100m 容积。

(2)关注套管是否上移。

(3)候凝方式采用开井关环空候凝方式,若无法开井的情况,则选用关井候凝方式,关井期间交代井队观察压力泄压。

6)资料收集及上交

(1)固井施工完成后固井公司会同井队、录井队等参与施工的单位完成固井数据统一表,由固井公司、钻井公司和现场监督签字确认,并于 3 天内上报甲方存档。

(2)固井施工完成后,固井公司于 7 天内完成固井施工总结报告,提交甲方钻井工程项目部存档。

固井施工作业质量评价表及得分标准参考 SY/T 6592—2016《固井质量评价方法》。详细固井施工作业质量评价表见表 5-2-4。

5 固井质量管控与评价

表 5-2-4 ××工区____井 Φ____mm____套管固井施工作业质量评价表

固井公司： 　　　　　　　　　　　　　　　　　　施工日期：　　年　月　日

项目	分值	内容	分值说明	实际执行情况	分值
水泥浆大样检测	5	大样送检符合要求	按照要求送检 5 分,否则得 0 分(补救合格 5 分)		
	10	水泥浆大样性能	水泥浆性能满足设计要求得 10 分,一个样不合格扣 5 分(补救合格扣 2 分)		
井队准备情况	5	承压实验	按照固井设计要求做承压实验得 5 分,否则得 0~3 分		
	5	循环洗井	按照固井设计要求循环洗井得 5 分,否则得 0~3 分		
	5	压稳	按照固井设计要求压稳油气水层得 5 分,否则得 0~3 分		
	5	配合固井	按照固井设计要求配合固井得 5 分,否则得 0~3 分		
固井公司准备情况	5	固井设备	按照固井设计要求得 5 分,否则得 0~3 分		
	10	隔离液、水泥浆量	按照固井设计要求得 10 分,否则得 0~5 分		
	15	水泥浆密度	平均密度低于设计值 $0.05g/cm^3$ 扣 10 分,平均密度低于设计值 $0.03g/cm^3$ 扣 5 分;密度波动 $\pm 0.01g/cm^3$ 得 5 分,波动 $\pm 0.03g/cm^3$ 得 3 分,否则得 0 分		
	10	施工连续性	中途停顿≤10min 得 10 分,停顿 10~20min 得 5 分,停顿≥20min 得 0 分		
	10	注、替排量	按照设计要求得 10 分,否则得 0~8 分		
	5	憋压	按照设计要求憋压得 5 分,否则得 0~5 分		
资料	5	固井数据统一表	固井施工完 3 天内上交存档得 5 分,否则得 0 分		
	5	固井施工总结	固井施工完 7 天内上交存档得 5 分,否则得 0 分		
总计	100	—			
备注					

说明:(1)90(含)~100 分,固井质量总体评价可上调半级;

(2)60(含)~90 分,固井质量总体评价维持不变;

(3)60 分以下,固井质量总体评价下调半级。

评定人(签字):

年　月　日

5.3 应用效果

固井质量管控与评价体系经过近几年不断的现场实践与完善,与现场施工作业紧密结合,已逐渐趋于成熟,也取得了较好的应用效果。

5.3.1 固井质量评价

固井质量好坏是固井质量管控与评价体系应用效果的直接体现。以涪陵页岩气田为例,自2017年开始执行,统计近2017—2021年5年固井质量评价,合格率100%,优质率统计如表5-3-1。

表5-3-1 2017—2021年固井优质率统计表

年份	表层套管 优质率/%	技术套管 优质率/%	生产套管 优质率/%	类别 Ⅰ类/%	Ⅱ类/%
2017年	27.2	65.3	50.0	40.0	50.0
2018年	72.0	61.5	78.5	43.6	56.4
2019年	71.1	81.9	91.9	54.1	45.9
2020年	78.6	87.8	93.0	54.3	55.7
2021年	85.2	88.9	93.6	60.3	39.7

从近5年的固井优质率可以看出,实行固井质量节点管控和评价体系后,表层套管、技术套管、生产套管的固井优质率逐年提高,Ⅰ类井的比例也从40%提升至60.3%,证明固井质量节点管控和评价体系是有利于固井质量的提高。

5.3.2 套管环空带压管控

套管环空带压是固井质量管控与评价体系应用效果的间接体现。以涪陵页岩气田为例,涪陵一期投产页岩气井套管环空带压形势严峻,生产套管环空带压占比达到了61.1%,气田安全生产风险较高。经过近5年的固井质量管控与评价体系推广应用,生产套管环空带压率显著下降,取得了显著的应用效果。涪陵页岩气田生产套管环空带压情况统计如表5-3-2。

表5-3-2 涪陵页岩气田套管环空带压统计表

年份	生产套管环空带压 井数/口	占比/%	备注
2016年	41	61.1	共66口井
2017年	22	45.8	共48口井
2018年	5	15.6	共32口井

续表 5-3-2

年份	生产套管环空带压		备注
	井数（口）	占比（%）	
2019 年	7	9.3	共 75 口井
2020 年	7	8.8	共 80 口井
2021 年	6	8.3	共 72 口井

由表可知，涪陵工区生产套管环空带压率呈现逐渐下降的趋势，且下降幅度非常显著，截止 2021 年套管环空带压比例为 8.3%，环空带压比例较 2017 年度（45.8%）降低 37.5%，较 2016 年度（61.1%）降低了 52.8%，取得了较好的环空带压预防效果。

因此，固井质量管控与评价体系的实施有效提高了整体固井质量，有助于降低页岩气井套管环空带压风险，可为国内外油气田固井技术和管理人员提供有效借鉴和参考，具有较好的推广应用价值。

主要参考文献

陈朝伟,蔡永恩,2009.套管-地层系统套管载荷的弹塑性理论分析[J].石油勘探与开发,36(2):242-246.

陈小龙,2017.气密封检测技术在涪陵页岩气田的应用[J].长江大学学报(自科版),14(3):75-80+95.

陈昀,金衍,陈勉,2015.基于能量耗散的岩石脆性评价方法[J].力学学报,47(6):984-992.

初纬,沈吉云,杨云飞,等,2015.连续变化内压下套管-水泥环-围岩组合体微环隙计算[J].石油勘探与开发,42(3):379-385.

邓立,2016.一种用于油基钻井液固井的前置液研究[D].成都:西南石油大学.

段冀川,2018.影响固井质量的因素及改善措施[J].石化技术,25(11):241-242.

范明涛,李军,柳贡慧,2017.页岩地层体积压裂过程中水泥环完整性研究[J].石油机械,45(8):45-49.

高德利,刘奎,2019.页岩气井井筒完整性若干研究进展[J].石油与天然气地质,40(3):156-169+602-615.

辜涛,李明,魏周胜,等,2013.页岩气水平井固井技术研究进展[J].钻井液与完井液,30(4):75-80+97-98.

顾军,杨卫华,秦文政,等,2008.固井二界面封隔能力评价方法研究[J].石油学报,29(3):451-454.

郭旭升,蔡勋育,刘金连,等,2021.中国石化"十三五"天然气勘探进展与前景展望[J].天然气工业,41(8):12-22.

郝海洋,2017.煤层气井内水泥—泥饼之间过渡层与隔水层界面胶结的关联性研究[D].武汉:中国地质大学.

郝海洋,刘俊君,何吉标,等,2022.页岩气超长水平井预控水泥环封固失效水泥浆技术研究[J].天然气勘探与开发,45(3):108-115.

郝海洋,屈勇,何吉标,等,2020.页岩气水平井低密度防窜水泥浆增稠机理[J].天然气勘探与开发,43(4):131-137.

何冰月,2019.影响固井质量的因素分析及提升方法探讨[J].西部探矿工程,31(5):49-50.

何吉标,2014.固井二界面泥饼活化机理研究[D].武汉:中国地质大学(武汉).

何吉标,2017.平桥区块深层高压页岩气水平井固井技术[J].江汉石油职工大学学报,30(4):30-33.

何吉标,彭小平,刘俊君,等,2020.抗高交变载荷水泥浆的研制及其在涪陵页岩气井的应用[J].石油钻探技术,48(3):35-40.

姜涛,2018.表面活性剂型可加重固井前置液作用机理及应用[J].钻井液与完井液,35(1):83-88.

焦建芳,姚勇,舒秋贵,2015.川西南高压页岩气井固井技术[J].钻采工艺,38(3):19-21.

匡立新,陶谦,2022.渝东地区常压页岩气水平井充氮泡沫水泥浆固井技术[J].石油钻探技术,50(3):39-45.

李骥然,赵博,米凯夫,等,2020.旋转下套管技术在川渝页岩气开发中的应用[J].石化技术,27(7):90-92+145.

李健,李早元,辜涛,等,2014.塔里木山前构造高密度油基钻井液固井技术[J].钻井液与完井液,31(2):51-54+99.

李强,王西荣,2004.声波—伽马密度测井综合解释方法研究及应用[J].测井技术,(S1):39-41+94.

李韶利,姚志翔,李志民,等,2014.基于油基钻井液下固井前置液的研究及应用[J].钻井液与完井液,31(3):57-60+99-100.

李友臣,吴旭辉,张轩,2005.固井前置液技术研究[J].西部探矿工程(S1):128-129.

练章华,林铁军,刘健,等,2006.水平井完井管柱力学—数学模型建立[J].天然气工业,(7):61-64+153-154.

林元华,邓宽海,易浩,等,2020.强交变热载荷下页岩气井水泥环完整性测试[J].天然气工业,40(5):81-88.

刘斌,吴惠梅,翟晓鹏,2015.页岩气水平井分段压裂对固井水泥石力学性能的需求分析[J].江汉石油职工大学学报,28(6):29-31.

刘崇建,黄柏宗,徐同台,等,2001.油气井注水泥理论与应用[M].北京:石油工业出版社,25-27.

刘大为,田锡君,1994.现代固井技术[M].北京:辽宁科学技术出版社.

刘军康,陶谦,沈炜,等,2020.低残余应变弹韧性水泥浆体系在平桥南区块页岩气井中的应用[J].油气藏评价与开发,10(1):90-95.

刘俊君,张良万,彭小平,等,2021.遇油气响应的活性自修复水泥浆体系[P].ZL201811192946.7.

刘奎,王宴滨,高德利,等,2016.页岩气水平井压裂对井筒完整性的影响[J].石油学报,37(3):406-414.

刘萌,李明,刘小利,等,2015.固井自修复水泥浆技术难点分析与对策[J].钻采工艺,38(2):27-30+7.

刘明利,2020.长宁页岩气水平井固井前置液体系研究及应用[J].西部探矿工程,32

（10）：41-43.

刘全，2020.声幅测井的理论研究[J].石化技术，27(2)：294+296.

刘仍光，张林海，陶谦，等，2016.循环应力作用下水泥环密封性实验研究[J].钻井液与完井液，33(4)：74-78.

刘世彬，吴永春，王纯全，等，2009.预应力固井技术研究及现场应用[J].钻采工艺，32(5)：21-24+125.

刘硕琼，李德旗，袁进平，等，2017.页岩气井水泥环完整性研究[J].天然气工业，37(7)：76-82.

刘伟，陶谦，丁士东，等，2012.页岩气水平井固井技术难点分析与对策[J].石油钻采工艺，34(3)：40-43.

刘旭，2017.声波变密度测井在固井质量评价中的应用[J].黑龙江科技信息(3)：44-45.

刘正锋，王天波，段新海，2005.固井质量测井评价方法对比分析研究[J].石油仪器(3)：65-68+8.

刘子帅，2017.冲洗隔离液体系研究[D].北京：中国石油大学（北京）．

路保平，2021.中国石化石油工程技术新进展与发展建议[J].石油钻探技术，49(1)：1-10.

罗杨，陈大钧，许桂莉，等，2009.高强度超低密度水泥浆体系实验研[J].石油钻探技术，37(5)：66-71.

罗杨，王强，许桂莉，等，2009.一种超低密度高强度水泥浆配方的优选[J].钻井液与完井液，26(3)：52-55+91.

马晓伟，2016.套管气密封检测技术在深层采气井中应用[J].石油矿场机械，45(7)：72-74.

彭莹江，2018.页岩气长水平井完井技术措施探讨[J].化学工程与装备(11)：150-151.

齐静，李宝贵，张新文，等，2008.适用于油基钻井液的高效前置液的研究与应用[J].钻井液与完井液(3)：49-51+87.

齐志刚，陈阳，张磊，2019.高效驱油前置液SLP在BYP1井的应用[J].山东化工，48(20)：4.

沈吉云，石林，李勇，等，2017.大压差条件下水泥环密封完整性分析及展望[J].天然气工业，37(4)：98-108.

宋建建，许明标，王晓亮，等，2021.胶乳粉固井水泥浆体系研究与应用[J].油田化学，38(3)：406-411.

苏克晓，郭国民，王东生，2014.八扇区声波固井质量测井中的影响因素分析[J].石油仪器，28(4)：89-91.

谭春勤，刘伟，丁士东，等，2011.SFP弹韧性水泥浆体系在页岩气井中的应用[J].石油钻探技术，39(3)：53-56.

陶谦，2018.气井水泥环长期密封失效机理及预防措施[J].钻采工艺，41(3)：25-28+6.

陶谦，丁士东，刘伟，等，2011.页岩气井固井水泥浆体系研究[J].石油机械，39(S1)：

17-19.

王翀,谢飞燕,刘爱萍,等,2013.油基钻井液用冲洗液 BCS-020L 研制及应用[J].石油钻采工艺,35(6):36-39.

王建军,张绍槐,狄勤丰,等,1995.钻柱抗弯强度分析[J].西安石油学院学报(自然科学版)(2):29-31.

王建军,张绍槐,狄勤丰,等,1996.水平井套管摩阻解析分析[J].西安石油学院学报(自然科学版)(6):17-19.

王亮,2018.提升声波变密度测井曲线质量的方法探讨[J].石化技术,25(4):169.

王胜翔,张易航,林枫,等,2020.自愈合油井水泥研究进展[J].硅酸盐通报,39(5):1377-1383+1389.

王顺利,毛敬勋,侯兵,等,2009.吉林油田昌 37 井固井工艺技术[J].钻井液与完井液,26(5):43-46+91.

王晓明,2014.提高油田固井质量的施工措施[J].中国石油和化工标准与质量,34(7):135.

王秀玲,任文亮,周战云,等,2017.储气库固井用油井水泥增韧材料的优选与应用[J].钻井液与完井液,34(3):89-93+98.

吴恩明,2016.八扇区水泥密度与套管壁厚测井仪的研制和应用[D].哈尔滨:哈尔滨工业大学.

吴雪平,2015.漏失水平井固井技术在 JY33HF 井的应用[J].长江大学学报(自科版),12(17):54-57+6.

吴雪平,许明标,周福新,等,2014.韧性胶乳水泥浆在试验评价及其水平井固井作业中的应用[J].石油天然气学报,36(6):91-96+6.

吴宇萌,许明标,宋建建,等,2019.胶乳液改善水泥石性能研究[J].当代化工,48(1):64-66+70.

吴宇萌,许明标,宋建建,等,2019.碳纤维与胶乳液协同作用对固井水泥浆力学性能的影响[J].硅酸盐通报,38(1):253-258+264.

武治强,许明标,刘书杰,等,2017.固井水泥环胶结质量检测与评价技术研究[J].重庆科技学院学报(自然科学版),19(4):39-41+46.

武治强,许明标,王晓亮,等,2019.基于声幅测井的环空间隙流体类型判断方法与实践[J].长江大学学报(自然科学版),16(6):33-37+5.

席岩,李方园,王松,等,2021.利用预应力固井方法预防水泥环微环隙研究[J].特种油气藏,28(6):1-11.

席岩,李军,柳贡慧,等,2019.页岩气水平井压裂过程中水泥环完整性分析[J].石油科学通报,4(1):57-68.

夏竹君,郭栋,蔡霞,等,2007.SBT 扇区水泥胶结测井仪在中原油田的应用[J].天然气技术(2):43-45+94.

向泽燕,郭海燕,魏蒙政,等,2011.SBT 八扇区水泥胶结测井仪的推广应用[J].石油仪器,25(5):81-83.

谢和平,鞠杨,黎立云,2005.基于能量耗散与释放原理的岩石强度与整体破坏准则[J].岩石力学与工程学报(17):3003-3010.

谢艳萍,舒卫国,王正久,2004.声波-伽马密度测井技术在大港油田的应用[J].测井技术,(S1):31-34+94.

许明标,李路,武志强,等,2016.一种能有效保障井筒完整性的高强韧性水泥浆体系研究[J].长江大学学报(自科版),13(17):49-53+5-6.

许明标,宋建建,王晓亮,等,2014.水平井全井段封固双凝防漏水泥浆技术[J].石油天然气学报(12):131-136.

许明标,宋建建,王晓亮,等,2014.水平井全井段封固双凝防漏水泥浆技术[J].石油天然气学报,36(12):131-136+9.

许明标,由福昌,王晓亮,等,2014.一种页岩气开发油基钻井液固井前置液[P].CN201310692002.7.

杨广国,陶谦,刘伟,等,2012.页岩气井固井套管居中与下入能力研究[J].石油机械,40(10):26-30.

杨志邦,2012.浅析声波变密度测井仪的改进及应用[J].中国石油和化工标准与质量,32(3):89.

姚京坤,杨荣起,姬铜芝,等,2003.分区水泥胶结测井仪(SBT)及其应用[J].石油仪器(1):29-31+61.

姚勇,焦建芳,邓天安,2014.川西地区页岩气井高密度前置液固井技术[J].天然气勘探与开发,37(4):86-89+14.

游云武,2015.页岩气水平井油基清洗液性能评价及应用[J].长江大学学报(自科版),12(19):24-26+4.

袁欣,2019.提高声波变密度测井精确性技术研究[J].化工管理(15):121-122.

曾静,高德利,王宴滨,等,2019.体积压裂井筒水泥环拉伸失效机理研究[J].钻采工艺,42(3):1-4+6.

张国仿,2002.提高水平井固井质量工艺技术[J].江汉石油职工大学学报(3):20-22.

张国仿,2017.涪陵页岩气水平井定向托压主要影响因素及对策[J].钻采工艺,40(6):8-11+5.

张国仿,袁欢,吴雪平,等,2014.油基泥浆长水平段页岩气固井技术在建页HF-2井的应用[J].石油天然气学报,36(10):133-136+8.

张家瑞,屈勇,郝海洋,等,2021.高效驱油清洗液的研制与现场应用[J].油田化学,38(3):395-400.

张俊,夏宏南,孙清华,等,2008.几种固井质量评价测井方法分析[J].石油地质与工程(5):121-123.

张易航,许明标,2019.水泥石改性增韧研究进展[J].应用化工,48(9):2198-2202+2207.

赵晨光,夏竹君,陈继超,等,2009.八扇区水泥胶结测井技术及应用[J].石油天然气学报,31(1):237-239+399.

赵建国,李黔,尹虎,等,2013.满足页岩气水平井固井质量的套管扶正器研究[J].石油矿场机械,42(10):22-24.

赵帅,2016.探讨油田固井施工质量控制[J].化工管理(3):109.

郑小强,2015.油田固井施工质量控制探讨[J].化工管理(3):55.

周明刚,2017.页岩气水平井固井技术难点分析[J].中国石油和化工标准与质量,37(5):73-74.

周贤海,2013.涪陵焦石坝区块页岩气水平井钻井完井技术[J].石油钻探技术,41(5):26-30.

邹才能,杨智,孙莎莎,等,2020."进源找油":论四川盆地页岩油气[J].中国科学:地球科学,50(7):903-920.

邹才能,赵群,丛连铸,等,2021.中国页岩气开发进展、潜力及前景[J].天然气工业,41(1):1-14.

ADEWUYA O A, PHAM S V ,1998. A robust torque and drag analysis approach for well planning and drillstring design [C]//IADC/SPE Drilling Conference.

AL-AJMI A, AL-RUSHOUD A, AL-NAQA F, et al. ,2020. Improving cement bond and zonal isolation in deviated production casing through the application of a new generation environmentally friendly enhanced spacer system [C]. SPE Asia Pacific Oil & Gas Conference and Exhibition.

API RP,2013. 10B-2, Recommended Practice for Testing Well Cements[M]. Second Edition. API: Washington, DC, USA.

BRANDL A, DOAN A A, ALEGRIA A E,2017. Advances in spacer technologies for improved zonal isolation results in challenging deep deviated HPHT wells containing heavy oil based muds [C]. SPE Kuwait Oil & Gas Show and Conference.

BREGE J, EL-SHERBENY W, QUINTERO L, et al. ,2012. Using microemulsion technology to remove oil-based mud in wellbore displacement and remediation applications [C]. INorth Africa Technical Conference and Exhibition.

CADOTTE R J, ELBEL B, MODELAND N,2018. Unconventional multiplay evaluation of casing-in-casing refracturing treatments [C]. SPE International Hydraulic Fracturing Technology Conference and Exhibition.

COLAVECCHIO G P, ADAMIAK R,1987. Foamed cement achieves predictable annular fill in Appalachian Devonian shale wells [C]. SPE Eastern Regional Meeting.

DE ANDRADE J, SANGESLAND S, SKORPA R, et al. ,2016. Experimental laboratory setup for visualization and quantification of cement-sheath integrity [J]. SPE Drilling & Completion,31(4):317-326.

ELBEL B, MODELAND N, HABACHY S, et al. ,2018. Evaluation of a casing-in-casing refracturing operation in the burleson county Eagle Ford Formation [C]. IADC/SPE Drilling Conference and Exhibition.

FENG Y, PODNOS E, GRAY K E, 2016. Well integrity analysis: 3D numerical modeling of cement interface debonding [R]. In 50th U. S. Rock Mechanics/Geomechanics Symposium. Houston, Texas: American Rock Mechanics Association.

GU J, GAO H, GAN P, et al., 2020. Preventing gas migration after hydraulic fracturing using mud cake solidification method in HTHP tight gas well [J]. International Journal of Oil, Gas and Coal Technology, 23(4): 450-473.

GU J, HUANG J, HAO H, 2017. Influence of mud cake solidification agents on thickening time of oil well cement and its solution [J]. Construction and Building Materials (153): 327-336.

GU J, ZHANG W, HUANG J, et al., 2017. Reducing fluid channelling risk after hydraulic fracturing using mud cake to agglomerated cake method in coalbed methane well [J]. International Journal of Oil, Gas and Coal Technology, 14(3): 201-215.

GU J, ZHONG P, SHAO C, et al., 2012. Effect of interface defects on shear strengthand fluid channeling at cement – interlayer interface [J]. Journal of Petroleum Science and Engineering(100): 117-122.

HAGER M D, GREIL P, LEYENS C, et al., 2010. Self - healing materials [J]. Advanced Materials, 22(47): 5424-5430.

HAO H, 2022. Cleaning functional spacer for improving sealing integrity and zonal isolation of cement sheath in shale gas wells: laboratory study and field application [J]. SPE Journal(52), 1-18.

HAO H, GU J, JU H, et al., 2016. Comparative study on cementation of cement-mudcake interface with and without mud-cake-solidification-agents application in oil & gas wells [J]. Journal of Petroleum Science & Engineering(147): 143-153.

HAO H, SONG J, DU S, et al., 2020. A method for determination of water-invasion-intervals in CBM wells using dewatering data [J]. Journal of Petroleum Science and Engineering(185): 106568.

HARDER C, CARPENTER R, WILSON W, et al., 1992. Surfactant/cement blends improve plugging operations in oil-base muds [C]. IADC/SPE Drilling Conference.

JACKSON P B, MURPHEY C E, 1993. Effect of casing pressure on gas flow through a sheath of set cement [C]. SPE/IADC Drilling Conference.

JOHANCSIK C A, FRIESEN D B, DAWSON R, 1984. Torque and drag in directional wells-prediction and measurement [J]. Journal of Petroleum Technology, 36(6): 987-992.

KULKARNI S V, HINA D S A, 1999. Novel lightweight cement slurry and placement technique for covering weak shale in appalachian basin [C]. SPE Eastern Regional Meeting.

LICHINGA K N, MAAGI M T, NTAWANGA A C, et al., 2020. A novel preflush to improve shear bond strength at cement-formation interface and zonal isolation [J]. Journal of Petroleum Science and Engineering(195): 107821.

LICHINGA K N, MAAGI M T, WANG Q, et al., 2019. Experimental study on oil based mudcake removal and enhancement of shear bond strength at cement-formation interface [J]. Journal of Petroleum Science and Engineering(176): 754-761.

LIU K, DING S, ZHOU S, et al., 2021. Study on preapplied annulus backpressure increasing the sealing ability of cement sheath in shale gas wells [J]. SPE Journal, 1-17.

LIU K, GAO D, TALEGHANI A D, 2018. Analysis on integrity of cement sheath in the vertical section of wells during hydraulic fracturing [J]. Journal of Petroleum Science and Engineering(168): 370-379.

LIU Y, LI Y, ZHANG C, et al., 2021. First successful application of casing in casing CiC refracturing treatment in shale gas well in China: case study [C]. Abu Dhabi International Petroleum Exhibition & Conference.

MESSENGER J U, 1972. Well cementing method employing an oil base preflush[P]. Google Patents.

MOGHADAM A, CASTELEIN K, TER HEEGE J, et al., 2022. A study on the hydraulic aperture of microannuli at the casing-cement interface using a large-scale laboratory setup [J]. Geomechanics for Energy and the Environment(29): 100269.

NELSON E B, GUILLOT D, 2006. Well cementing, second edition[M]. Sugar Land, Texas: Schlumberger.

NELSON S G, HUFF C D, 2009. Horizontal woodford shale completion cementing practices in the arkoma basin, Southeast Oklahoma: a case history [C]. SPE Production and Operations Symposium.

PAVLOCK C, TENNISON B, THOMPSON J, et al., 2012. Latex-based cement design: meeting the challenges of the haynesville shale [C]. SPE Americas Unconventional Resources Conference.

PERNITES R, KHAMMAR M, SANTRA A, 2015. Robust spacer system for water and oil based mud [C]. SPE Western Regional Meeting.

SCHLUMBERGER, 2021. Cem FIT Heal flexible self-healing cement system Provides emissions reduction by reducing hydrocarbon leaks; Available from: https://www.slb.com/drilling/drilling-fluids-and-well-cementing/well-cementing/adaptive-self-healing-cement-systems/cemfit-heal-flexible-self-healing-cement-system.

SHADRAVAN A, ALEGRIA A, 2015a. Enhancing zonal isolation by rheological hierarchy optimization [C]. SPE Nigeria Annual International Conference and Exhibition. Lagos, Nigeria: Society of Petroleum Engineers.

SHADRAVAN A, NARVAEZ G, ALEGRIA A, et al., 2015b. Engineering the mud-spacer-cement rheological hierarchy improves wellbore integrity [C]. SPE E&P Health, Safety, Security and Environmental Conference-Americas. Denver, Colorado, USA: Society of Petroleum Engineers.

SINGH P, LAL K, RASTOGI R, et al., 2017. Successful implementation of improved rheological hierarchy of mud-spacer-cement for effective zonal isolation-a case study [C]. SPE Oil and Gas India Conference and Exhibition. Mumbai, India: Society of Petroleum Engineers.

SWEATMAN R E, NAHM J J, LOEB D A, et al., 1995. First high-temperature applications of anti-gas migration slag cement and settable oil-mud removal spacers in deep south texas gas wells [C]. SPE Annual Technical Conference and Exhibition.

WANG W, DAHI TALEGHANI A, 2017. Impact of hydraulic fracturing on cement sheath integrity: A modelling approach [J]. Journal of Natural Gas Science and Engineering (44): 265-277.

WILLIAMS H, KHATRI D, VAUGHAN M, et al., 2011. Particle size distribution-engineered cementing approach reduces need for polymeric extenders in haynesville shale horizontal reach wells [C]. SPE Annual Technical Conference and Exhibition.

XI Y, JIN J, FAN L, et al., 2022. Research on the establishment of gas channeling barrier for preventing SCP caused by cyclic loading-unloading in shale gas horizontal wells [J]. Journal of Petroleum Science and Engineering(208): 109640.

XI Y, LI J, TAO Q, et al., 2020. Experimental and numerical investigations of accumulated plastic deformation in cement sheath during multistage fracturing in shale gas wells [J]. Journal of Petroleum Science and Engineering(187): 106790.

XI Y, LIAN W, FAN L, et al., 2021. Research and engineering application of pre-stressed cementing technology for preventing micro-annulus caused by cyclic loading-unloading in deep shale gas horizontal wells [J]. Journal of Petroleum Science and Engineering(200): 108359.

ZENG Y, LIU R, LI X, et al., 2019. Cement sheathsealing integrity evaluation under cyclic loading using large-scale sealing evaluation equipment for complex subsurface settings [J]. Journal of Petroleum Science and Engineering(176): 811-820.

ZENG Y, LU P, ZHOU S, et al., 2019. A new prediction model for hydrostatic pressure reduction of anti-gas channeling cement slurry based on large-scale physical modeling experiments [J]. Journal of Petroleum Science and Engineering(172): 259-268.

ZOU C, ZHU R, CHEN Z-Q, et al., 2019. Organic-matter-rich shales of China [J]. Earth Science Reviews(189): 51-78.